环境监测实验

HUANJING JIANCE SHIYAN

主编　江锦花

副主编　方晓波　蒋胜韬

ZHEJIANG UNIVERSITY PRESS
浙江大学出版社

图书在版编目(CIP)数据

环境监测实验/江锦花主编. —杭州：浙江大学出版社，2021.9
ISBN 978-7-308-18748-0

Ⅰ.①环… Ⅱ.①江… Ⅲ.①环境监测—实验 Ⅳ.①X83-33

中国版本图书馆 CIP 数据核字（2018）第 268562 号

环境监测实验

江锦花　主编

责任编辑　秦　瑕
责任校对　陈静毅　蔡晓欢
封面设计　周　灵
出版发行　浙江大学出版社
（杭州市天目山路 148 号　邮政编码 310007）
（网址：http://www.zjupress.com）
排　　版　浙江时代出版服务有限公司
印　　刷　杭州佳园彩色印刷有限公司
开　　本　787mm×1092mm　1/16
印　　张　11.25
字　　数　274 千
版 印 次　2021 年 9 月第 1 版　2021 年 9 月第 1 次印刷
书　　号　ISBN 978-7-308-18748-0
定　　价　39.00 元

浙江大学出版社市场运营中心联系方式　(0571)88925591;http://zjdxcbs.tmall.com

前　言

“环境监测实验”是普通高校环境工程专业的基础课程，涉及环境监测实验基本知识、环境样品的预处理和样品测定等内容，主要包括水质监测、空气环境质量监测、土壤及生物体内污染物监测、环境噪声监测等方面的实验。通过本实验课程的学习，学生可对环境监测的原理和过程有比较深入的了解，掌握环境样品的预处理和分析方法，学会基本操作方法和操作技能，熟悉监测分析所涉及的各种仪器设备的使用方法，提高环境监测方面分析问题和解决问题的能力。

本书以最新的国家环境质量标准为依据，规范实验操作，强调实验环节的专业性，注重培养学生的基本技能和创新能力，充分体现了普通高校“地方性、应用性、综合性、高教性”的办学理念。本书是在广泛参考国内外相关优秀教材的前提下编写而成的，并以附录的方式附上最新的国家环境质量标准，适合普通高校学生和教师使用。

本书主要分为四部分：第一部分是环境监测实验基本知识。第二部分是实验内容，共有38个实验，是全书的核心内容。每个实验都包括实验目的、实验原理、仪器与试剂、实验步骤、结果分析、注意事项。第三部分是附录，为最新的国家环境质量标准。第四部分是参考文献。

本书在编写过程中得到浙江大学出版社、台州学院的领导和老师的大力支持，同时还参阅了多部相关的实验教材，如化学工业出版社出版的《环境监测实验》、中国环境科学出版社出版的《水环境监测》等，在此表示感谢！

由于编者水平有限，书中疏漏和不足在所难免，敬请读者批评指正。

编者

2021年6月

目录

第一章　环境监测实验基本知识

一、环境监测实验安全知识及规范要求

1. 实验室要有一定的安全设施，实验教师和实验员应熟悉实验室事故的急救方法和处理措施。进行危险性实验时，应使用防护眼镜、面罩、手套等防护用具，或在通风橱中进行。

2. 大功率仪器分时段使用，避免用电超负荷。有毒试剂、药品废弃物统一回收，集中处理。带有细菌的物品，高压灭菌后再处理。实验动物尸体统一集中处理。

3. 实验教师应熟练掌握实验内容，严格执行实验操作规范，实现标准化操作。在预备实验准确无误的前提下，学生方可进行实验。

4. 教师指导学生预习时，要指出实验过程中的误操作可能存在的安全隐患及其处理措施。

5. 学生进入实验室，必须按规定穿白大褂。学生实验开始前，实验教师应向学生详细讲解整个实验的过程以及实验过程中的不当操作可能造成的安全问题及其处理办法，并要求学生严格按操作步骤进行实验。

6. 实验教学过程中，实验教师要勤督促检查，及时提醒，强化学生的安全意识。

7. 学生做实验时，必须遵守实验室的各项规章制度，注意保持室内安静，严格按照规范进行操作，不要取用未经鉴定、无标签的试剂，仔细观察实验现象，并及时记录。要善于思考，学会运用所学理论知识解释实验现象，解决实验中的问题。

8. 注意防火，万一发生火灾，要保持镇静，立即切断电源或燃气源，并采取针对性的灭火措施。若是一般的小火，用湿布、防火布或沙子覆盖燃烧物灭火。若不溶于水的有机溶剂以及能与水起反应物的物质（如金属钠）着火，绝不能用水浇，应用沙土压或用二氧化碳灭火器灭火。若电器起火，不可用水冲，应当用四氯化碳灭火器灭火。情况紧急时应立即报警。

9. 实验过程中要保持水池、实验台和实验室地面的整洁。

10. 实验完毕后，要清洁自己使用过的玻璃仪器和实验台面，并把自己使用过的仪器、药品整理归位，及时打扫实验室的卫生，关好煤气、水、电和门窗，爱护实验仪器和其他公共设施，养成良好的实验习惯。

二、实验中意外事故的急救处理办法

（一）割伤（玻璃或铁器刺伤等）

先把碎玻璃从伤处挑出，轻伤时可用生理盐水或硼酸溶液擦洗伤处，涂上紫药水（或红汞水），必要时撒些消炎粉，用绷带包扎。伤势较重时，先用酒精在伤口周围擦洗以消毒，再

用纱布按住伤口压迫止血，并立即送医院缝合。

（二）油烫伤

用冷水冲洗烫伤部位 30 min 左右，水流不宜过急。如果有衣物覆盖在伤口表面，需要在冷水中将覆盖在伤口表面的衣物除去，切记小心谨慎，不可强行剥脱。必要时可以用剪刀剪开衣服，剪刀头向上，避免皮肤被尖锐的剪刀伤到，避免弄破水泡。将烫伤的部位在冷水中持续浸泡 10～30 min，以缓解疼痛，进一步散发热量。如果烫伤的面积较大，需注意观察体温。通过以上处理后，用洁净或无菌的纱布、毛巾覆盖伤口并固定，以保持伤口清洁、减少感染。送可治疗烧伤的专科医院进行治疗。

（三）强酸腐伤

先用大量水冲洗伤处，然后擦上碳酸氢钠油膏。若受氢氟酸腐伤，应先迅速用水冲洗，再用 5%小苏打溶液冲洗，然后浸泡在冰冷的饱和硫酸镁溶液中 0.5 h，最后敷以 26%硫酸镁、6%氧化镁、1.2%盐酸普鲁卡因和水配成的药膏（或甘油和氧化镁 2∶1 悬浮剂涂抹，用消毒纱布包扎），伤势严重时，立即送医院急救。当酸溅入眼内时，先用大量水冲眼，再用 3%的碳酸氢钠溶液冲眼，最后用清水洗眼。

（四）强碱腐伤

立即用大量水冲洗伤处，然后用 1%柠檬酸或硼酸溶液冲洗。当碱溅入眼内时，先用大量水冲洗，再用饱和硼酸溶液冲洗，最后滴入蓖麻油。

（五）磷烧伤

用 1%硫酸铜、1%硝酸银或浓高锰酸钾溶液处理伤口处，送医院治疗。

（六）溴、氯等有毒气体中毒

可吸入少量酒精和乙醚的混合蒸气以消毒，同时应到室外呼吸新鲜空气。

（七）触电

应立即拉开电闸，截断电源，尽快利用绝缘物（干木棒、竹竿）将触电者与电源隔离。

以上事故如果严重，应立即送医院医治。

三、玻璃仪器洗涤方法、洗涤剂的制备、玻璃仪器的干燥

环境监测实验中，洗涤玻璃仪器是决定实验成败的重要因素。不同实验内容有不同的仪器洗净要求。

（一）玻璃仪器洗涤方法

洗涤玻璃仪器的方法很多，应根据实验的要求、污物的性质和玷污的程度加以选择。洗涤实验用玻璃仪器时，一般要先洗去污物，用自来水冲净洗涤剂，再用纯水（蒸馏水或去离子水）润洗三次。一个洗干净的玻璃仪器，应以玻璃内壁不挂水珠为准。如果仍能挂住水珠，

必须重新洗涤。经蒸馏水润洗后的仪器，用指示剂检查应为中性。

1. 实验室常用的烧杯、锥形瓶和离心管等可先用毛刷蘸去污粉或合成洗涤剂刷洗，再用自来水冲洗，然后用蒸馏水或去离子水润洗三次。量筒、滴定管、移液管、吸量管和容量瓶等具有精密刻度的玻璃仪器，不宜用刷子刷洗，可以先用合成洗涤剂或铬酸洗液浸泡一段时间，将洗涤剂或铬酸洗液倒出，再用自来水冲洗，然后用蒸馏水或去离子水润洗三次。注意：用完的洗液要倒回原瓶，切勿直接倒入水池。

2. 光学玻璃制成的比色皿不能用刷子刷洗。通常根据被沾污的情况，可用合成洗涤剂或盐酸-乙醇混合液浸泡内外壁数分钟（时间不宜过长），再用自来水冲净，然后用蒸馏水或去离子水润洗三次。洗涤容器时应符合"少量多次、母液少留"的原则，这样既节约洗涤剂，又提高洗涤效率。

痕量金属分析的玻璃仪器，使用 1∶1～1∶9 的 HNO_3 溶液浸泡，然后进行常法洗涤。

3. 进行荧光分析时，玻璃仪器应避免使用洗衣粉洗涤（因洗衣粉中含有荧光增白剂，会给分析结果带来误差）。

4. 分析致癌物质时，应选用适当洗消液浸泡，然后再按常法洗涤玻璃仪器。

（二）洗涤剂的制备

最常用的洗涤剂是洗衣粉、去污粉、洗液、有机溶剂等。

洗衣粉和去污粉主要用于可以用刷子直接刷洗的仪器，如烧杯、三角烧瓶、试剂瓶等。洗液多用于不便用刷子洗刷的仪器，如滴定管、移液管、容量瓶、蒸馏器等特殊形状的仪器，也用于洗涤长久不用的杯皿器具上刷子刷不下的结垢。用洗液洗涤仪器，是利用洗液本身与污物起化学反应的作用，将污物去除，因此需要浸泡一定的时间使其充分作用。有机溶剂是借助有机溶剂能溶解油脂的作用，或某些有机溶剂能与水混合而又挥发快的特殊性来清洁仪器的。

1. 强酸氧化剂洗液

强酸氧化剂洗液是由重铬酸钾（$K_2Cr_2O_7$）和浓硫酸（H_2SO_4）配成的。$K_2Cr_2O_7$ 在酸性溶液中有很强的氧化能力，对玻璃仪器又极少有腐蚀作用，所以这种洗液在实验室内使用最广泛。

配制洗液的浓度范围为 5%～12%。配制方法大致相同：取一定量的 $K_2Cr_2O_7$（工业用即可），先用 1～2 倍的水加热溶解，稍冷后，将浓 H_2SO_4 徐徐加入 $K_2Cr_2O_7$ 水溶液中（注意：千万不能将水或溶液加入到浓 H_2SO_4 中），边倒边用玻璃棒搅拌，并注意不要溅出，混合均匀，待冷却后，装入洗液瓶备用。新配制的洗液为红褐色，氧化能力很强。当洗液用久后变为黑绿色，即说明洗液已无氧化洗涤能力。

例如，配制 12%的洗液 500 mL。取 60 g $K_2Cr_2O_7$ 置于 100 mL 水中（加水量以能溶解为度），加热溶解，冷却，徐徐加入浓 H_2SO_4 340 mL，边加边搅拌，冷后装瓶备用。

这种洗液在使用时要注意不能溅到身上，以防"烧"破衣服和损伤皮肤。洗液倒入要洗的仪器中，应使仪器周壁全浸洗后稍停一会再倒回洗液瓶。第一次用少量水冲洗刚浸洗过的仪器后，废水不要倒在水池里和下水道里，否则长此以往会腐蚀水池和下水道。应将废水集中倒入专用收集容器中由学校统一处理。如果无专用收集容器而不得不直接倒入水池，要边倒边用大量的水冲洗。

2. 碱性洗液

碱性洗液用于洗涤有油性污物的仪器，采用长时间（24 h 以上）浸泡法，或者浸煮法。从碱性洗液中捞取仪器时，要戴乳胶手套，以免烧伤皮肤。

常用的碱性洗液浓度一般为 5%：有碳酸钠溶液（Na_2CO_3，即纯碱），碳酸氢钠（Na_2HCO_3，小苏打）溶液，磷酸钠（Na_3PO_4，磷酸三钠）溶液，磷酸氢二钠（Na_2HPO_4）溶液等。

3. 碱性高锰酸钾洗液

用碱性高锰酸钾作洗液，作用缓慢，适合洗涤有油污的器皿。配法：取高锰酸钾（$KMnO_4$）4 g 加少量水溶解后，再加入 10%氢氧化钠（NaOH）溶液 100 mL。

4. 纯酸纯碱洗液

根据器皿污垢的性质，直接用浓盐酸（HCl）或浓硫酸、浓硝酸（HNO_3）浸泡或浸煮器皿（温度不宜太高，否则浓酸会挥发），或用 10%以上的浓烧碱（NaOH）、氢氧化钾（KOH）或碳酸钠（Na_2CO_3）溶液浸泡或浸煮器皿（可以煮沸）。

5. 有机溶剂

带有脂肪性污物的器皿，可以用汽油、甲苯、二甲苯、丙酮、酒精、三氯甲烷、乙醚等有机溶剂擦洗或浸泡。但用有机溶剂作为洗液较浪费，能用刷子洗刷的大件仪器尽量采用碱性洗液。无法使用刷子的小件或特殊形状的仪器使用有机溶剂洗涤，如活塞内孔、移液管尖头、滴定管尖头、滴定管活塞孔、滴管、小瓶等。

6. 洗消液

对于有致癌性化学物质的器皿，为了防止其对人体的侵害，在洗刷之前应使用对这些致癌性物质有破坏分解作用的洗消液进行浸泡。经常使用的洗消液有 1%或 5%次氯酸钠（NaClO）溶液、20% HNO_3 溶液和 2% $KMnO_4$ 溶液。

1%或 5%NaClO 溶液对黄曲霉素有破坏作用。用 1%NaClO 溶液将污染的玻璃仪器浸泡半天或用 5%NaClO 溶液浸泡片刻后，即可达到破坏黄曲霉素的作用。配法：取漂白粉 100 g，加水 500 mL，搅拌均匀，另将工业用 Na_2CO_3 80 g 溶于温水 500 mL 中，再将两液混合，搅拌，澄清后过滤，此滤液中 NaClO 含量为 2.5%；若用高效漂白粉配制，则 NaClO 的重量应加倍，所得溶液浓度约为 5%。如果需要 1%NaClO 溶液，可将上述溶液按比例进行稀释。

20% HNO_3 溶液和 2% $KMnO_4$ 溶液对苯并[a]芘有破坏作用，被苯并[a]芘污染的玻璃仪器可用 20% HNO_3 浸泡 24 h，取出后用自来水冲去残存酸液，再进行洗涤。被苯并[a]芘污染的乳胶手套及微量注射器等可用 2% $KMnO_4$ 溶液浸泡 2 h 后，再进行洗涤。

（三）玻璃仪器的干燥

洗净的玻璃仪器一般需要干燥，常用的干燥方法有晾干、烘干和热（冷）风吹干。

1. 晾干

不能烘干的量器（如移液管、容量瓶等）和不急用的仪器，可用蒸馏水冲洗后在无尘处倒置控去水分，然后自然干燥。可用安有木钉的架子或带有透气孔的玻璃柜放置仪器。

2. 烘干

一般玻璃仪器（如烧杯、三角烧瓶、试管等），控去水分后，可放在烘箱内烘干，烘箱温度为 105～110 ℃，烘 2 h 左右，也可放在红外灯干燥箱中烘干。称量瓶等在烘干后要放在干燥器中冷却。带实心玻璃塞的仪器及厚壁仪器烘干时要注意慢慢升温且温度不可过高，以免破裂。

硬质试管可用酒精灯加热烘干，要从底部烤起，把管口向下，以免水珠倒流使试管炸裂。烘到无水珠后试管口向上赶尽水汽。

3. 热（冷）风吹干

急于干燥的仪器或不适于放入烘箱的较大的仪器，可将其吹干。通常把少量乙醇或丙酮倒入已控去水分的仪器中摇洗，然后用电吹风机吹，先用冷风吹 1～2 min，当大部分溶剂挥发后，吹入热风至完全干燥，再用冷风吹去残余蒸汽。

四、实验数据的采集和整理

（一）误差

环境监测实验中需要测量各种物理量和参数，在测定过程中，受各种因素的影响，测量结果和真实值之间或多或少有一些差距，这就是误差。根据产生的原因不同，误差可分为系统误差、随机误差和过失误差。

1. 系统误差

系统误差又称可测误差或恒定误差。系统误差产生的原因主要有方法误差、仪器和试剂误差、人员误差、环境误差等。

（1）方法误差：方法误差又称理论误差，是由测定方法本身造成的误差，或是由于测定所依据的原理本身不完善而导致的误差。例如，重量分析中出现沉淀溶解、共沉淀现象，灼烧时沉淀分解或挥发等；在滴定分析中，反应进行不完全或有副反应、干扰离子的影响等，使用滴定终点与理论等当点不能完全符合，此类原因都会引起测定的系统误差。

（2）仪器和试剂误差：仪器误差也称工具误差，是测定所用仪器不完善造成的。实验中所用的仪器主要指基准仪器（天平、玻璃量具）和测定仪器（如分光光度计、pH 计等）。

天平是样品测定中最基本的基准仪器，如天平不等臂、灵敏度欠佳、砝码失于校准等易产生称量误差，应由计量部门定期进行检校。

市售的玻璃量具（容量瓶、移液管、滴定管、比色管等），其真实容量并非完全与其标称的容量相符，要根据容许误差范围，对所用的仪器进行检查，以免发生异常而造成测定误差。

试剂误差是试剂不纯和蒸馏水中含有微量杂质引起的。由试剂、蒸馏水、实验器皿和环境带入的杂质引起的系统误差，可以通过做空白试验来消除或减少。空白试验是在不加试样的情况下，按照试样的分析步骤和条件进行分析的试验，得到的结果称为空白值。从试样分析结果中扣除空白值，就可以得到更接近于真实含量的分析结果。

（3）人员误差：人员误差是由测定人员的判断能力、反应速度和固有习惯引起的误差。这类误差往往因人而异，因而可以让不同人员进行分析，以平均值报告分析结果予以减少。

(4)环境误差:这是测定环境带来的误差。如室温、湿度不是所要求的标准条件,测定时仪器受震动和电磁场、电网电压、电源频率等变化的影响,室内照明影响滴定终点的判断等。在实验中发现环境条件对测定结果有影响时,应重新进行测定。

2. 随机误差

随机误差指在实际相同的条件下,对同一样品进行多次测定时,单次测定值与真实值之间差异的绝对值和符号均无法预计的误差。这种误差是由测定过程中各种随机因素共同造成的。因此,随机误差的数值和方向不定,有大有小,时正时负。从表面上看,这类误差似乎没有规律性,但若对随机误差进行统计分析可发现:绝对值小的误差比绝对值大的误差出现的次数多,在一定条件下得到的有限次测定值中,其误差的绝对值不会超过一定的界限;在测定的次数足够多时,绝对值相近的正误差与负误差出现的次数大致相等,此时正负误差相互抵消,随机误差的绝对值趋向于零。分析工作者通常采用平均值报告分析结果,正是运用了这一概率定律。在排除了系统误差后,可用增加测定次数的办法,使平均值成为与真实值较吻合的估计值。

3. 过失误差

过失误差也称粗差。这类误差明显地歪曲了测定结果,是在测定过程中犯了不应有的错误造成的。例如,标准溶液超过保存期,浓度或价态已经发生变化而仍在使用;器皿不清洁;不严格按照分析步骤或未正确按分析方法进行操作;弄错试剂或吸管;试剂加入过量或不足;操作过程中试样受到大量损失或污染;仪器出现异常未被发现;读数、记录及计算错误等,都会产生过失误差。过失误差无一定的规律可循,这些误差基本上是可以避免的。消除过失误差的关键在于,分析人员必须养成专心、认真、细致的工作习惯,不断提高理论和操作水平。

(二)可疑数据的取舍

与正常数据不是来自同一分布总体,明显歪曲实验结果的测量数据,称为离群数据。可能会歪曲实验结果,但尚未经检验确定其是离群数据的测量数据,称为可疑数据。

在数据处理时,必须剔除离群数据以使测定结果更符合客观实际。正确数据总有一定的分散性,如果人为地删去一些误差较大但并非离群的测量数据,得到的测量结果看起来精密度很高但并不符合客观实际。因此,对可疑数据的取舍必须遵循一定的原则。

若测量中发现明显的系统误差和过失误差,产生的数据应随时剔除。而可疑数据的舍取应采用统计方法判别,即离群数据的统计检验。检验的方法很多,现介绍最常用的两种。

1. 狄克松(Dixon)检验法

此法适用于一组测量值的一致性检验和剔除离群值。本法对最小可疑值和最大可疑值进行检验的公式因样本的容量(n)不同而异,检验方法如下。

(1)将一组测量数据按从小到大顺序排列为 $x_1, x_2, \cdots, x_n$,x_1 和 x_n 分别为最小可疑值和最大可疑值;

(2)按表 1-1 计算式求 Q 值;

表 1-1　狄克松检验统计量 Q 计算公式

n 值范围	可疑数据为最小值 x_1 时	可疑数据为最大值 x_n 时	n 值范围	可疑数据为最小值 x_1 时	可疑数据为最大值 x_n 时
3 ～ 7	$Q=\dfrac{x_2-x_1}{x_n-x_1}$	$Q=\dfrac{x_n-x_{n-1}}{x_n-x_1}$	11 ～ 13	$Q=\dfrac{x_3-x_1}{x_{n-1}-x_1}$	$Q=\dfrac{x_n-x_{n-2}}{x_n-x_2}$
8 ～ 10	$Q=\dfrac{x_2-x_1}{x_{n-1}-x_1}$	$Q=\dfrac{x_n-x_{n-1}}{x_n-x_2}$	14 ～ 25	$Q=\dfrac{x_3-x_1}{x_{n-2}-x_1}$	$Q=\dfrac{x_n-x_{n-2}}{x_n-x_3}$

(3)根据给定的显著性水平(α)和样本容量(n),从表 1-2 查得临界值(Q_α);

(4)若 $Q\leqslant Q_{0.05}$,则可疑值为正常值;

若 $Q_{0.05}<Q\leqslant Q_{0.01}$,则可疑值为偏离值;

若 $Q>Q_{0.01}$,则可疑值为离群值。

表 1-2　狄克松检验临界值(Q_α)

n	显著性水平(α)		n	显著性水平(α)	
	0.05	0.01		0.05	0.01
3	0.941	0.988	15	0.525	0.616
4	0.765	0.889	16	0.507	0595
5	0.642	0.780	17	0.490	0.577
6	0.560	0.698	18	0.475	0.561
7	0.507	0.637	19	0.462	0.547
8	0.554	0.683	20	0.450	0.535
9	0.512	0.635	21	0.440	0.524
10	1.477	0.597	22	0.430	0.514
11	0.576	0.679	23	0.421	0.505
12	0.546	0.642	24	0.413	0.497
13	0.521	0.615	25	0.406	0.489
14	0.546	0.641			

【例 1】　一组测量值从小到大顺序排列为:14.65,14.90,14.90,14.92,14.95,14.96,15.00,15.01,15.01,15.02。检验最小值 14.65 和最大值 15.02 是否为离群值?

解　检验最小值 $x_1=14.65$,$n=10$,$x_2=14.90$,$x_{n-1}=15.01$

$$Q=\frac{x_2-x_1}{x_{n-1}-x_1}=\frac{14.90-14.65}{15.01-14.65}=0.69$$

查表 1-2,当 $n=10$,给定显著性水平 $\alpha=0.01$ 时 $Q_{0.01}=0.597$。

$Q>Q_{0.01}$,故最小值 14.65 为离群值应予剔除。

$x_n=15.02$

$$Q=\frac{x_n-x_{n-1}}{x_n-x_2}=\frac{15.02-15.01}{15.02-14.90}=0.08$$

查表 1-2 可知,$Q_{0.05}=1.477$ 。

$Q < Q_{0.05}$，故最大值 15.02 为正常值 。

2.格鲁布斯(Grubbs)检验法

此法适用于检验多组测量值均值的一致性和剔除多组测量值中的离群均值；也可用于检验一组测量值的一致性和剔除一组测量值中的离群值，方法如下。

(1)有 1 组测定值，每组 n 个测定值的均值分别为 $\bar{x}_1,\bar{x}_2,\cdots,\bar{x}_i,\cdots,\bar{x}_n$，其中最大均值记为$\bar{x}_{max}$，最小均值记为$\bar{x}_{min}$；

(2)由 l 个均值计算总均值($\bar{\bar{x}}$) 和标准偏差($S_{\bar{x}}$)：

$$\bar{\bar{x}} = \frac{1}{l}\sum_{i=1}^{l}\bar{x}_i;S_{\bar{x}} = \sqrt{\frac{1}{l-1}\sum_{i=1}^{l}(\bar{x}_i - \bar{\bar{x}})^2}$$

(3)可疑均值为最大均值 ($\bar{x}_{max}$) 时，按下式计算统计量(T)：

$$T = \frac{\bar{x}_{max} - \bar{\bar{x}}}{S_{\bar{x}}}$$

可疑均值为最小值($\bar{x}_{min}$) 时，按下式计算统计量(T)：

$$T = \frac{\bar{\bar{x}} - \bar{x}_{min}}{S_{\bar{x}}}$$

(4)根据测定值组数和给定的显著性水平(α)，从表 1-3 查得临界值(T_α)；

(5)若 $T \leqslant T_{0.05}$ ，则可疑均值为正常均值；

若 $T_{0.05} < T \leqslant T_{0.01}$ ，则可疑均值为偏离均值；

若 $T > T_{0.01}$ ，则可疑均值为离群均值，应予剔除，即剔除含有该均值的一组数据。

表 1-3 格鲁布斯检验临界值(T_α)

l	显著性水平(α)		l	显著性水平(α)	
	0.05	0.01		0.05	0.01
3	1.153	1.155	15	2.409	2.705
4	1.463	1.492	16	2.443	2.747
5	1.672	1.749	17	2.475	2.785
6	1.822	1.944	18	2.504	2.821
7	1.938	2.097	19	2.532	2.854
8	2.032	2.221	20	2.557	2.884
9	2.110	2.322	21	2.580	2.912
10	2.176	2.410	22	2.603	2.939
11	2.234	2.485	23	2.624	2.963
12	2.285	2.050	24	2.644	2.987
13	2.331	2.607	25	2.663	3.009
14	2.971	2.695			

【例 2】 10 个实验室分析同一样品，各实验室 5 次测定的平均值按大小顺序为：4.41，4.49，4.50，4.51，4.64，4.75，4.81，4.95，5.01，5.39。检验最大均值 5.39 是否为离群均值。

解　$\bar{\bar{x}} = \frac{1}{10}\sum_{i=1}^{10}\bar{x}_i = \frac{1}{10}(4.41+4.49+4.50+4.51+4.64+4.75+4.81+4.95+5.01+5.39) = 4.746$

$$S_{\bar{x}} = \sqrt{\frac{1}{10-1}\sum_{i=1}^{10}(\bar{x}_i - \bar{\bar{x}})^2} = 0.305$$

$\bar{x}_{max} = 5.39$，则统计量

$$T = \frac{\bar{x}_{max} - \bar{\bar{x}}}{S_{\bar{x}}} = \frac{5.39 - 4.746}{0.305} = 2.11$$

当 $l = 10$，给定显著性水平 $\alpha = 0.05$ 时，查表 1-3 得临界值 $T_{0.05} = 2.176$。

因 $T < T_{0.05}$，故 5.39 为正常均值，即均值为 5.39 的一组测定值为正常数据。

(三)有效数字及其运算规则

在科学实验中，为了得到准确的测定结果，不仅要准确地测定各种数据，还要正确地记录和计算。结果的数值不仅表示试样中被测组分含量的多少，还反映了测定的准确程度。所以，记录数据和计算结果应保留几位数字是很重要的。

1. 有效数字

数字的位数不仅表示数字的大小，也能反映测量的准确程度。所谓有效数字，就是指实际能测得的数字。有效数字保留的位数，应根据分析方法与仪器的准确度来决定。例如在分析天平上称取试样 0.8000 g，这不仅表明试样的质量为 0.8000 g，还表明称量的误差在 ±0.0001 g 以内。如果将其质量记录成 0.8 g，则表明其称量误差为 ±0.1 g，故记录数据的位数不能任意增加或减少。

有效数字就是保留最后一位不准确数字，其余数字均为准确数字。从上面的例子也可以看出，有效数字和仪器的准确程度有关，即有效数字不仅表明数量的大小而且也反映测量的准确度。

2. 有效数字中 0 的意义

0 在有效数字中有两种，一种是作为数字定值，只表示小数点的位置；另一种是有效数字。数字中间的 0 和末尾的 0 都是有效数字，而数字前面所有的 0 只起定值作用。以 0 结尾的正整数，有效数字的位数不确定。例如 1800 这个数，其有效数字位数，可能为 2 位、3 位、4 位(或无数位)。遇到这种情况，应根据实际有效数字书写成：

1.8×10^3　　2 位有效数字

1.80×10^3　　3 位有效数字

1.800×10^3　　4 位有效数字

因此很大或很小的数，常用 10 的乘方表示。当有效数字确定后，在书写时一般只保留一位可疑数字，多余数字按数字修约规则处理。

滴定管、移液管和吸量管，都能准确测量溶液体积到 0.01 mL。所以当用50 mL滴定管测定溶液体积时，如果测量体积大于 10 mL 小于 50 mL，应记录 4 位有效数字，例如写成 24.22 mL；如果测量体积小于 10 mL，应记录 3 位有效数字，例如写成 8.13 mL。当用 25 mL 移液管移取溶液时，应记录为 25.00 mL。当用 5 mL 吸量管取溶液时，应记录为 5.00

mL。当用 250 mL 容量瓶配制溶液时，所配溶液体积应记为 250.00 mL。当用 50 mL 容量瓶配制溶液时，应记录为 50.00 mL。

总而言之，测量结果所记录的数字，应与所用仪器测量的准确度相适应。

3. 数字修约规则

各种测量、计算的数据需要修约时，应遵守下列规则：四舍六入五考虑，五后非零则进一，五后皆零视奇偶，五前为偶应舍去，五前为奇则进一。

【例 3】 将下列数据修约到只保留一位小数：14.3426，14.2631，14.2501，14.2500，14.0500，14.1500。

解 按照上述修约规则

(1)应保留一位小数，而小数点后第二位数小于、等于 4 者应予舍弃。

修约前	修约后
14.3426	14.3

(2)小数点后第二位数字大于或等于 6，应予进一。

修约前	修约后
14.2631	14.3

(3)小数点后第二位数字为 5，但 5 的右面并非全部为零，则进一。

修约前	修约后
14.2501	14.3

(4)小数点后第二位数字为 5，其右面皆为零，则视左面一位数字，若为偶数(包括零)则不进，若为奇数则进一。若拟舍弃的数字为两位以上数字，应按规则一次修约，不得连续多次修约。

修约前	修约后
14.2500	14.2
14.0500	14.0
14.1500	14.2

【例 4】 将 15.4546 修约成整数。

解 正确的做法：

修约前	修约后
15.4546	15

错误的做法：

修约前	一次修约	二次修约	三次修约	四次修约
15.4546	15.455	15.46	15.5	16

4. 有效数字运算规则

(1)加减法：在加减法运算中，保留有效数字以小数点后位数最少的为基准，即以绝对误差最大的为准。

(2)乘除法：乘除法运算中，保留有效数字的位数以有效数字位数最少的为基准，即以相对误差最大的为准。

(3)自然数法：在数据分析中，有时会遇到一些倍数和分数的关系，如

H_3PO_4 的相对分子质量/3＝98.00/3＝32.67

水的相对分子质量＝2×1.008＋16.00＝18.02

在这里分母“3”和“2×1.008”中的“2”都不能看作是一位的有效数字，因为它们是非测量所得到的数，是自然数，其有效数字位数可视为无限。

（四）实验数据的采集处理

1.实验数据的采集

实验中直接观察到的数据称为原始数据，它们应该直接记录在实验记录本上，不允许随意更改和删减。数据记录的格式可采用表格式。记录数据的有效数字位数应与所用仪器的最小读数相适应。实验结束后，应将实验数据仔细复核，报告指导教师后方可离开实验室。

2.实验数据的处理

实验数据可用列表法、图解法等方式进行处理。化学分析数据常用列表法处理，其形式最为简洁。仪器分析数据常用图解法处理，比较简明直观。

（1）列表法：列表法在一般化学分析实验中应用最为普遍，特别是原始实验数据的记录，简明方便。其方法是：在表格的上方标明实验的名称，表的横向表头列出实验号，纵向表头列出数据的名称，通常按操作步骤的顺序排列。

（2）图解法：许多仪器分析法常用图形来表述实验结果，用图解法表述测量数据之间的关系往往比用文字表述更简明直观。它可用于以下情况：

①用变量间的定量关系图求未知物含量，如外标法的标准曲线；

②通过曲线外推法求值，如将标准加入法的工作曲线外推求待测物的含量；

③求函数的极值或转折点，如利用可见-紫外吸收曲线找到最大吸收波长和计算摩尔吸光系数等；

④图解积分和微分，如色谱图上的峰面积等。

3.实验数据采集处理中的注意事项

（1）实验过程中的各种测量数据及有关现象应及时、准确而清楚地记录。

（2）实验过程中涉及的各种特殊仪器的型号和标准溶液浓度等，也应及时准确记录下来。

（3）要有严谨的科学态度，实事求是，切忌夹杂主观因素，绝不能随意拼凑和伪造数据。

（4）记录实验过程中的数据时，应注意根据测量仪器的精度来确定有效数字的位数。

（5）实验记录上的每一个数据都是测量结果。所以，重复测定时，即使数据完全相同时也应记录下来。

（6）发现数据算错、测错或读错而需要改动时，可将该数据用一横线划去，并在其上方写上正确的数字。

（7）实验结果应以多次测定的平均值表示，同时还应给出测定结果的置信区间或标准偏值。

（五）直线相关和回归

在环境监测中经常要了解各种参数之间是否有联系，例如，BOD 和 TOC 都是代表水中有机污染的综合指标,它们之间是否有关?又如在水稻田施农药,水稻叶上农药残留量与施药后的天数之间是否有关?下面将介绍怎样判断各参数之间的联系。

1. 相关和直线回归方程

变量之间的关系有以下两种主要类型。

(1)确定性关系:例如欧姆定律 $I = U/R$,已知三个变量中任意两个就能按公式求第三个量。

(2)相关关系:有些变量之间既有关系又无确定性关系,称为相关关系。它们之间的关系式叫回归方程式,最简单的直线回归方程为:$\hat{y} = ax + b$,式中 a、b 为常数。

上述回归方程可根据最小二乘法来建立。即首先测定一系列 $x_1, x_2, \cdots, x_n$ 和相对应的 $y_1, y_2, \cdots, y_n$,然后按下式求常数 a 和 b。

$$a = \frac{n\sum(xy) - \sum x \sum y}{n\sum x^2 - (\sum x)^2}$$

$$b = \frac{\sum x^2 \sum y - \sum x \sum xy}{n\sum x^2 - (\sum x)^2}$$

【例 5】 用比色法测酚得到表 1-4 所列数据,试对吸光度(A)和浓度(c)求回归直线方程。

表 1-4 比色法测酚所得数据

酚浓度(c)/(mg/L)	0.005	0	0.020	0.030	0.040	0.050
吸光度(A)	0.020	0.046	0.100	0.120	0.140	0.180

解 设酚浓度为 x,吸光度为 y

$$\sum x = 0.155, \sum y = 0.606, n = 6$$

$$\sum x^2 = 0.00552, \sum xy = 0.0208$$

$$a = \frac{6 \times 0.0208 - 0.155 \times 0.606}{6 \times 0.00552 - (0.155)^2}$$

$$= 3.4$$

$$b = \frac{0.00552 \times 0.606 - 0.155 \times 0.0208}{6 \times 0.00552 - (0.155)^2}$$

$$= 0.013$$

得到方程 $\hat{y} = 3.4x + 0.013$。

2. 相关系数及其显著性检验

相关系数是表示两个变量之间关系的性质和密切程度的指标,符号为 r,其值在 $-1 \sim +1$。公式为:

$$r = \frac{\sum(x - \bar{x})(y - \bar{y})}{\sqrt{\sum(x - \bar{x})^2 \sum(y - \bar{y})^2}},$$

x 与 y 的相关关系有如下几种情况:

(1)若 x 增大,y 也相应增大,称 x 与 y 呈正相关,此时 $0 < r \leqslant 1$。若 $r = 1$,称完全正相

关。图 1-1 是正相关的两种图形。

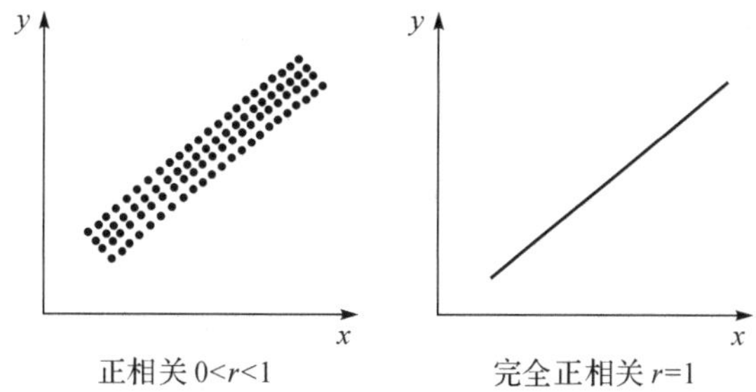

图 1-1　正相关的两种图形

(2)若 x 增大，y 相应减小，称 x 与 y 呈负相关，此时 $-1 \leqslant r < 0$。当 $r=-1$ 时，称完全负相关。图 1-2 是负相关的两种图形。

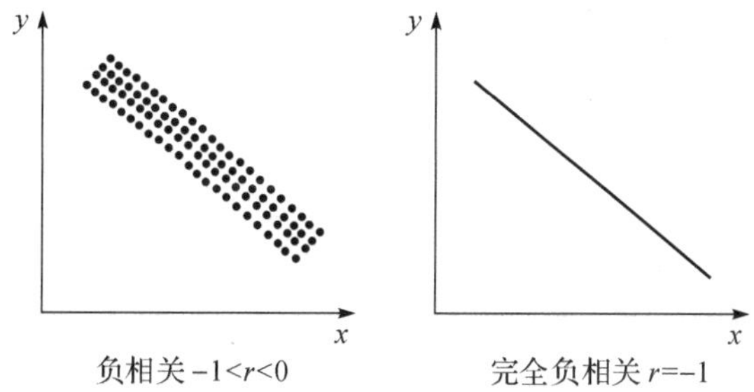

图 1-2　负相关的两种图形

(3)若 y 与 x 的变化无关，称 x 与 y 不相关，此时 $r=0$。图 1-3 是不相关的四种图形。

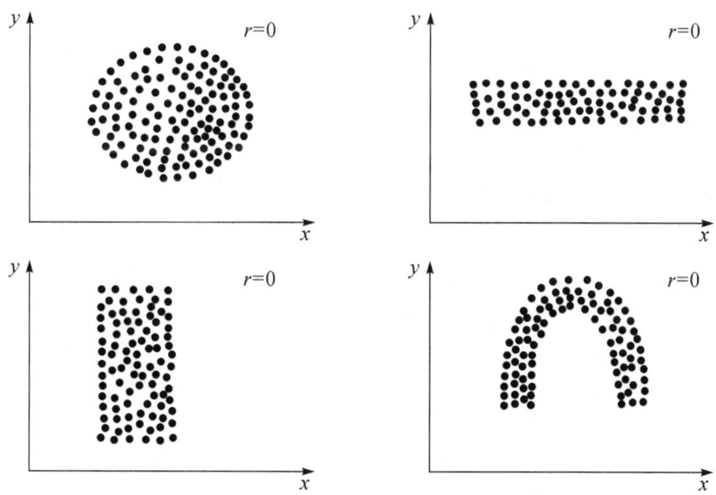

图 1-3　不相关的四种图形

若总体中 x 与 y 不相关，在抽样时由于偶然误差，可能计算所得 $r \neq 0$。所以应检验 r 值有无显著意义，方法如下：

(1)求出 r 值。

(2)按公式 $t=|r|\sqrt{\frac{n-2}{1-r^2}}$，求出 t 值，n 为变量配对数，自由度 $n'=n-2$。

(3)查 t 值表(一般做单侧检验)。

若 $t>t_{0.01}(n')$，$P<0.01r$；有非常显著意义而相关；

若 $t<t_{0.1}(n')$，$P>0.1r$；关系不显著。

【例 6】 用 Ag-DDC 法测砷时得到表 1-5 所列数据。求其线性关系，并做显著性检验。

表 1-5 Ag-DDC 法测砷所得数据

x/μg	0	0.50	1.00	2.00	3.00	5.00	8.00	10.00
y	0	0.014	0.032	0.060	0.094	0.144	0.230	0.300

解 $\sum x=29.50$ $\sum y=0.874$

$$\bar{x}=\frac{29.50}{8}=3.687 \quad \bar{y}=\frac{0.874}{8}=0.109$$

从 $r=0.9993$ 可知 x 与 y 几乎成完全正相关。

显著性检验：

$$t=|r|\sqrt{\frac{n-2}{1-r^2}}$$

$$=0.9993\sqrt{\frac{8-2}{1-(0.9993)^2}}$$

$$=65.43$$

因本例是正相关，不会出现负相关，用单侧检验，查表得 $t_{0.01(6)\text{单侧}}=3.14$，$t=65.42\gg 3.14$，所以相关有非常显著的意义。

(六)提高分析结果准确度的方法

1. 选择合适的分析方法

(1)根据试样中的待测组分的含量选择分析方法。高含量组分用滴定分析或重量分析法；低含量组分用仪器分析法。

(2)充分考虑试样中共存组分对测定的干扰，采用适当的掩蔽或分离方法。

(3)对于痕量组分，若分析方法的灵敏度不能满足分析的要求，可先定量富集后再进行测定。

2. 减小测量误差

例如分析天平的称量误差为±0.0002 g，为了使测量时的相对误差在0.1%以下，试样质量必须在0.2 g以上。

在滴定分析中，滴定管读数常有±0.01 mL 的误差，在一次滴定中，读数两次，可能造成±0.02 mL 的误差。为使测量时的相对误差小于0.1%，消耗滴定剂的体积必须在20 mL以上，最好在25 mL左右。

微量组分的光度测定中，因一般允许较大的相对误差，所以对于其他测量步骤的准确度的要求不必像滴定分析和重量分析那样高。如分光光度法测铁，设方法的相对误差为2%，则在称取 0.5 g 试样时，试样的称量误差小于 0.5×2%＝0.01 g 就可以了，不必称准至±0.0002 g。但是为了使称量误差可以忽略，最好将称量的准确度提高至±0.001 g。

3. 减小随机误差

在消除系统误差的前提下，平行测定次数愈多，平均值愈接近真实值。因此，增加测定次数，可以提高平均值精密度。在化学分析中，对于同一试样，通常要求平行测定 2～4 次。

4. 消除系统误差

系统误差是由某种固定的原因造成的，找出这一原因，就可以消除系统误差。通常根据具体情况，采用下列几种方法。

(1)对照试验(contrast test)：可以用标准试样的标准结果进行对照，也可以与其他成熟方法进行对照，或者由不同分析人员、不同实验室进行对照，以判断分析结果是否存在系统误差。

(2)空白试验(blank test)：在不加待测组分的情况下，按照待测组分同样的操作和条件进行的试验，称为空白试验。由实验室的用水、试剂和器皿等带进杂质所造成的系统误差，可用空白试验来扣除。

(3)校准仪器：消除因仪器不准确而引起的系统误差，如校准砝码、移液管和滴定管等。

(4)分析结果的校正：例如用重量法测定岩石中的硅，因沉淀不完全或者因沉淀洗涤时的复溶会引起硅的分析结果系统偏低，可用分光光度法测定滤液中的可溶性硅，然后将所测结果加到重量法的结果中。

第二章　水质监测

实验一 相关国标

实验一　水质色度、浊度和水中悬浮物的测定

一、水质色度的测定

水质色度是对天然水或处理后的各种水进行颜色定量测定时的指标。水的颜色主要是由于溶于水的腐殖质、无机物或有机物质造成的。另外，当水体受到工业废水的污染时也会呈现不同的颜色。因此，我们将水的颜色分为真色与表色。

真色是除去水中悬浮物后的颜色，也称真实颜色。测定真色时，若水样混浊，应放置澄清后，取上清液或用孔径为 0.45 μm 的滤膜过滤，也可离心后再测定。表色是没有去除悬浮物的水质所具有的颜色，包括溶解性物质和不溶解的悬浮物所产生的颜色，也称表观颜色。测定未经过滤或离心的原始水样的颜色即测定表观颜色。对于清洁或浊度很低的水，这两种颜色相近；对于着色很深的工业废水，其颜色主要由胶体和悬浮物造成，可根据需要测定真实颜色或表观颜色。水质色度单位是度，即浓度为 1 mg/mL 的铂所产生的颜色，规定为每升溶液中含有 2 mg 六水合氯化钴（相当于 0.5 mg 氯化钴）和 1 mg 铂（以六氯铂酸的形式）时产生的颜色为 1 度。

常用的水质色度测定方法有：①铂钴标准比色法——适用于较清洁的、带有黄色色调的天然水和饮用水的测定；②稀释倍数法——适用于污水和工业废水的测定；③分光光度法。

（一）铂钴标准比色法

适用水质：清洁水、地面水、地下水、饮用水、轻度污染并略带黄色的水样。

1. 实验目的

掌握铂钴标准比色法的测定原理及方法。

2. 实验原理

用氯铂酸钾与氯化钴配成的标准色列，与水样进行目视比色。色度的单位为度，1 度为浓度为 1 mg/mL 的铂所产生的颜色，指每升含有 1 mg 以氯铂酸（H_2PtCl_6）形式存在的铂、2 mg 氯化钴（$CoCl_2 \cdot 6H_2O$）的铂钴溶液的色度。按一定的比例将氯铂酸钾、氯化钴和盐酸配成水溶液（铂钴标准溶液），所得溶液的色调与待测样品的色调在多数情况下是相近的，用目视法比较样品与铂钴标准溶液的色度，可得出样品的色度。

3. 仪器与试剂

(1)仪器:50 mL 具塞比色管,其标线高度要一致,光学透明玻璃底部无阴影。pH 计,精度±0.1。容量瓶,1000 mL。

(2)试剂

光学纯水:将 0.2 μm 滤膜(细菌学研究中所采用的)在 100 mL 蒸馏水或去离子水中浸泡 1 h,用它过滤 250 mL 蒸馏水或去离子水,弃去最初的 25 mL,以后用这种水配置全部标准溶液并作为稀释水。

铂钴标准溶液(500 度):准确称取 1.246 g 氯铂酸钾(K_2PtCl_6)(相当于 500 mg 铂)及 1.000 g 氯化钴($CoCl_2 \cdot 6H_2O$)(相当于 250 mg 钴),溶于 500 mL 水中,加 100 mL 盐酸,用水定容至 1000 mL。此溶液色度为 500 度,保存在密塞玻璃瓶中,摇匀,放于暗处,温度不能超过 30 ℃,有效期为六个月。

色度标准溶液:向 50 mL 的比色管中分别加入 0,0.50,1.00,1.50,2.00,2.50,3.00,3.50,4.00,4.50,5.00,5.50,6.00,6.50,7.00 mL 铂钴标准溶液(500 度),用水稀释至 50 mL刻度,摇匀。各管的色度依次为 0,5,10,15,20,25,30,35,40,45,50,55,60,65,70 度。溶液放在严密盖好的玻璃瓶中,存放于暗处,温度不超过 30 ℃,至少可稳定 1 个月。

4. 实验步骤

(1)所有与样品接触的玻璃器皿都要用盐酸或表面活性剂溶液清洗,后用蒸馏水或去离子水洗净、沥干。

将样品采集在容积至少为 1 L 的玻璃瓶内,采样后要尽早进行测定。如果必须贮存,则将样品贮存于暗处。在有些情况下还要避免与空气接触,同时要避免温度的变化。

(2)将样品倒入 250 mL(或更大)量筒中,静置 15 min,倾取上层液体作为试料进行测定。

(3)分取 50.00 mL 澄清透明水样于比色管中,若水样色度较大,可酌情少取水样,用水稀释至 50 mL。

将水样与标准色列进行目视比较。观察时,可将比色管置于白瓷板或白纸上,使光线从管底部向上透过液柱,目光自管口垂直向下观察。记下与水样色度相同的铂钴标准色列的色度。如色度≥70,用光学纯水将试料适当稀释后,使色度落入标准溶液范围之中再行测定。另取试料测定 pH。

5. 结果分析

以色度的标准单位报告与试料最接近的标准溶液的值。在 0～40 度(不包括 40 度)的范围内,准确到 5 度;40～70 度,精确到 10 度。在报告样品色度的同时报告 pH。

稀释后的样品色度(A_1),以度计,用下式计算:

$$A_1 - A_0 \times \frac{V_1}{V_0}$$

式中:V_1—— 样品稀释后的体积,mL;

V_0—— 样品稀释前的体积,mL;

A_0—— 样品稀释前色度的观察值,度。

6. 注意事项

(1)可用重铬酸钾代替氯铂酸钾配制标准色列。方法是：称取 0.0437 g 重铬酸钾和 1.000 g 硫酸钴($CoSO_4 \cdot 7H_2O$)，溶于少量水中，加入 0.50 mL 硫酸，用水稀释至 500 mL，此溶液的色度为 500 度，不宜久存。

(2)如果样品中有泥土或其他分散得很细的悬浮物，虽经预处理仍得不到透明水样时，则只能测表观颜色。

(二)稀释倍数法

1. 实验目的

学会掌握稀释倍数法测定不同颜色工业废水。

2. 实验原理

为说明工业废水的颜色种类，如深蓝色、棕黄色、暗黑色等，可用文字描述。为定量说明工业废水色度的大小，采用稀释倍数法表示色度。即将工业废水按一定的稀释倍数，用水稀释到接近无色时，记录稀释倍数，以此表示该水样的色度，单位为倍。

3. 仪器与试剂

50 mL 具塞比色管，其标线高度要一致，光学透明玻璃底部无阴影。pH 计，精度 ±0.1。容量瓶，1000 mL。

4. 实验步骤

(1)取 100～150 mL 澄清水样置于烧杯中，以白色瓷板为背景，观察并描述其颜色种类。

(2)分取澄清的工业废水水样，用水稀释成不同的倍数。分取 50 mL 置于 50 mL 比色管中，管底部衬一白瓷板，由上向下观察稀释后水样的颜色，并与蒸馏水相比较，直到刚好看不出颜色，记录此时的稀释倍数。

5. 注意事项

如测定水样的真实颜色，应放置澄清后取上清液，或用离心法除去悬浮物后测定；如测定水样的表观颜色，待水样中的大颗粒悬浮物沉降后，取上清液测定。

二、水质浊度的测定

水质浊度，简称浊度，是指水体中除极易沉淀的物质外，还有不同大小、比重、形态的悬浮物质、胶体物质、浮游生物和微生物等杂质，这些物质能对光线的散射和吸收产生光学效应。因此，利用光学效应的原理测定水质浊度是评定水质感官性的重要指标之一。

我国将 1 L 蒸馏水中含有 1 mg 二氧化硅所产生的浊度定为 1 度。生活饮用水浊度不得大于 3 度。浊度常用的测定方法有：目视比色法(黑底板上比色)、分光光度法(波长 680 nm 处测定)和浊度仪法。本实验采用浊度仪测定法。

1. 实验目的

(1)学会测定水质浊度。

(2)学会浊度仪的使用。

2. 实验原理

浊度仪是通过测量水样对一定波长光的透射或散射强度而实现浊度测定的专用仪器，有透射光式浊度仪、散射光式浊度仪和透射光-散射光式浊度仪。

透射光式浊度测定原理：仪器发射的单色光，光束穿过水样遇到水中微小颗粒产生散射光而衰减，计算透射光强和光强衰减率，从而测量水样浊度。散射光式浊度仪测定原理：当光射入水样时，构成浊度的颗粒物对光发生散射，散射光强度与水样的浊度成正比。

透射光-散射光式浊度仪同时测量透射光和散射光强度，根据其比值测定浊度。

3. 仪器与试剂

(1)仪器：各种浊度仪。

(2)试剂：400 度浊度标准液。取浓度为 10 mg/mL 的硫酸肼[$(NH_2)_2 \cdot H_2SO_4$]溶液和浓度为 100 mg/mL 的六次甲基四胺溶液各 5.00 mL，于 100 mL 容量瓶中，混匀，25±3 ℃下反应24 h，冷却后用无浊度水稀释至刻度。

4. 实验步骤

仪器接通电源，将稳压器、光源灯预热 15～30 min。

(1)测定低浊度(0～30 度)：选用长水样槽。将零浊度水倒入水样槽至水位线，将水样槽放入仪器测量室(水样槽有号码的一面对着测量室右端)，盖上盖子，缓慢地旋转稳压器上的微调，调节至仪表零度处，然后取出水样槽。将被测水样倒入水样槽至水位线，然后放入仪器测量室，盖上盖子，从仪表上直接读出浊度数。

(2)测定高浊度(20～100 度)：选用短水样槽。将零度浊度水倒入水样槽至水位线，然后把 20 度基准浊度板对着水样槽有号码一端插入，将水样槽放入测量室(将有 20 度基准浊度板一面对着测量室右端)，盖上盖子，缓慢地旋转稳压器上的微调，调至仪表右端 20 度处，取出水槽。取出 20 度基准浊度板，将被测水样倒入水样槽至水位线，然后将水样槽放入仪器测量室，盖上盖子，从仪表上直接读出浊度数。如浊度超过 100 度，可用零度水进行稀释后再行测定，从仪表浊度数乘上稀释倍数。零度蒸馏水指双重蒸馏水，或经过通径为 0.25 μm 的超滤膜滤过的蒸馏水，或超净水。

5. 注意事项

(1)仪器用于实验测定水质浊度，测量范围分为二档，测定 0～30 度低浊度档时取用水长样槽，20～100 度高浊度档时取用短水样槽。

(2)测定前数分钟应先开启稳压电源使光源预热，然后再行测定。使用完毕后，应立即关闭电源，以免光源老化而影响使用。

(3)水样槽必须勤清洗，特别是在测定高浊度水样后立即测定低浊度水样时。否则会影响测定的准确性。清洗方法：用带橡皮头的玻璃棒轻轻揩擦透光玻璃的内侧，勿使沾污。

(4)水样倒入水样槽后必须用清洁而干燥的白布揩擦水样槽外部，以免残留水渍影响透光率。

(5)在相对湿度较大的条件下使用时，应采取快速和瞬时读数，以减少误差。

仪器指示的读数即为浊度，并注意是低浊度档(0～30 度)或是高浊度档(20～100 度)。

三、水中悬浮物的测定

悬浮性固体是指剩留在滤器上并于103～105 ℃烘至恒重的固体。其直接测定法是将水样通过滤纸后，烘干固体残留物及滤纸，将所称质量减去滤纸质量，即为悬浮性固体，常用SS表示：SS＝总固体－溶解性固体。

1. 实验目的

(1)明确水体物理指标对水质评价的意义。

(2)掌握悬浮性固体、浊度指标的测定方法。

2. 实验原理

水质中悬浮物是指水样通过中速定量滤纸(孔径为0.45 μm的滤膜)，截留在滤膜上并于103～105 ℃烘干至恒重的固体物质。按重量分析要求，对通过水样前后的滤膜进行称量，算出一定量水样中颗粒物的质量，从而求出悬浮物的含量。

3. 仪器与试剂

(1)仪器：常用实验室仪器以及扁咀无齿镊子，全玻璃微孔滤膜过滤器，玻璃漏斗，CN-CA滤膜(孔径0.45 μm、直径60 mm)或中速定量滤纸，吸滤瓶、真空泵、干燥箱以及内径30～50 mm称量瓶；电子分析天平(感量0.1 mg)。

(2)试剂：均使用分析纯试剂和超纯水。

4. 实验步骤

(1)样品采集：所用聚乙烯瓶或硬质玻璃瓶要先用洗涤剂洗净，再依次用自来水和蒸馏水冲洗干净。在采样之前，用即将采集的水样再清洗三次。水样为按照实验要求所布设的采样点采集的具有代表性的水样，采集500～1000 mL，盖严瓶塞。

注：漂浮或浸没的不均匀固体物质不属于悬浮物质，应从水样中除去。

(2)定量滤纸(微孔滤膜)准备：用扁咀无齿镊子夹取定量滤纸(微孔滤膜)，放于恒重的称量瓶里，移入烘箱中，于103～105 ℃烘干半小时后取出，置于干燥器内冷却至室温，称其重量。反复烘干、冷却、称量，直至两次称量的重量差≤0.2 mg。将恒重的定量滤纸(或微孔滤膜)正确地放在玻璃漏斗(滤膜过滤器的滤膜托盘)上，并用夹子固定好，以蒸馏水湿润定量滤纸(或微孔滤膜)，并不断吸滤。

(3)测定：量取充分混合均匀的水样150 mL抽吸过滤，使水分全部通过滤膜。再以每次10 mL蒸馏水连续洗涤残渣3～5次，继续吸滤以除去痕量水分。停止吸滤后，仔细取出载有悬浮物的定量滤纸(微孔滤膜)放在原恒重的称量瓶里，移入烘箱中于103～105 ℃下烘干1 h后移入干燥器中，冷却到室温称其重量。反复烘干、冷却、称量，直至两次称量的重量差≤0.2 mg为止。

5. 结果分析

悬浮物含量c(mg/L)按下式计算：

$$c=\frac{[(A-B)\times 1000\times 1000]}{V}$$

式中：c——水中悬浮物浓度，mg/L；

A——悬浮物＋滤膜＋称量瓶重量，g；

B——滤膜＋称量瓶重量，g；

V——试样体积，mL。

6. 注意事项

(1)采集的水样应尽快分析测定。如需放置，则应贮存于 4 ℃冷藏箱中，但最长不得超过 7 d。

(2)滤膜上截留过多的悬浮物可能夹带过多的水分，除延长干燥时间外，还可能造成过滤困难，遇此情况，可酌情少取试样。滤膜上悬浮物过少，则会增大称量误差，影响测定精度，必要时，可增大试样体积，一般以 5～10 mm 悬浮物作为量取试样体积的适用范围。

(3)树叶、木棒、水草等杂质应从水样中除去。

(4)废水黏度高时，可加 2～4 倍蒸馏水稀释，震荡均匀，待沉淀物下降后再过滤。

(5)也可采用石棉坩埚进行过滤。

实验二　水质六价铬的测定——二苯碳酰二肼分光光度法

铬的化合物常见的价态有三价铬和六价铬，水中的铬一般以 Cr^{3+}、CrO_4^{2-}、$HCr_2O_7^-$、$Cr_2O_7^{2-}$ 的形式存在。铬具有强毒性，是致癌物质。三价铬和六价铬化合物可以相互转化，铬的工业来源主要是含铬矿石的加工、金属表面处理、皮革鞣制、印染等行业。

常用的测定方法有：二苯碳酰二肼分光光度法、原子吸收法、硫酸亚铁铵滴定法。本实验采用二苯碳酰二肼分光光度法。

实验二 相关国标

一、实验目的

掌握废水中六价铬的测定原理及方法。

二、实验原理

在酸性溶液中，六价铬与二苯碳酰二肼反应，生成紫红色化合物，在最大吸收波长 540 nm 处，进行分光光度测定。

三、仪器与试剂

(一)仪器

分光光度计；比色管(50 mL)。

(二)试剂

1. 丙酮(C_3H_6O)

2. (1+1)硫酸溶液

将硫酸(H_2SO_4，ρ =1.84 g/mL，优级纯)缓缓加入到同体积的水中，混匀。

3. (1+1)磷酸溶液

将磷酸 (H_3PO_4，ρ =1.69 g/mL)与等体积水混合。

4. 氢氧化钠溶液

称取氢氧化钠 1 g，溶于 250 mL 新煮沸放冷的水中。

5. 氢氧化锌共沉淀剂

(1)硫酸锌溶液：称取硫酸锌($ZnSO_4 \cdot 7H_2O$) 8 g，溶于水中并稀释至 100 mL；

(2)称取氢氧化钠 2.4 g，溶于新煮沸放冷的水中并稀释至 120 mL。

将(1)和(2)两溶液混合。

6. 4%高锰酸钾溶液

称取高锰酸钾 ($KMnO_4$)4 g，在加热和搅拌下溶于水，最后稀释至 100 mL。

7. 铬标准贮备液(100 mg/L)

称取于 120 ℃干燥 2 h 的重铬酸钾 ($K_2Cr_2O_7$，优级纯)0.2829 g，用水溶解后，移入

1000 mL 容量瓶中，加水稀释至标线，摇匀。此溶液 1 mL 含 0.10 mg 六价铬。

8.铬标准溶液（Ⅰ，1 μg/mL）

吸取 5.00 mL 铬标准贮备液置于 500 mL 容量瓶中，用水稀释至标线，摇匀。此溶液 1 mL 含 1.00 μg 六价铬，使用当天配制。

9.铬标准溶液（Ⅱ，5 μg/mL）

吸取 25.00 mL 铬标准贮备液置于 500 mL 容量瓶中，用水稀释至标线，摇匀。此溶液 1 mL 含 5.00 μg 六价铬，使用当天配制。

10.20%尿素溶液

称取尿素[$(NH_2)_2CO$]20 g，溶于水并稀释至 100 mL。

11.2%亚硝酸钠溶液

称取亚硝酸钠（$NaNO_3$）2 g，溶于水并稀释至 100 mL。

12.显色剂（Ⅰ，2 g/L）

称取二苯碳酰二肼（$C_{13}H_{14}N_4O$）0.2 g，溶于 50 mL 丙酮中，加水稀释至 100 mL，摇匀。贮于棕色瓶置于冰箱中保存，色变深后不能使用。

13.显色剂（Ⅱ，10 g/L）

称取二苯碳酰二肼（$C_{13}H_{14}N_4O$）1 g，溶于 50 mL 丙酮中，加水稀释至 100 mL，摇匀。贮于棕色瓶置于冰箱中保存，色变深后不能使用。

四、实验步骤

（一）样品采集

实验室样品应该用玻璃瓶采集。采集时，加入氢氧化钠，调节样品 pH 至约为 8，并在采集后尽快测定。如需放置，不应超过 24 h。

（二）样品预处理

1.不含悬浮物、低色度的清洁地表水可直接测定。

2.色度校正

如水样有色但不太深，则另取一份水样，在待测水样中加入各种试剂进行同样操作时，以 2 mL 丙酮代替显色剂，最后以此代替水作为参比来测定待测水样的吸光度。

3.锌盐沉淀分离法

对混浊、色度较深的水样可用此法预处理。取适量水样（含六价铬少于 100 μg）于 150 mL 烧杯中，加水至 50 mL，滴加 0.2%氢氧化钠溶液，调节溶液 pH 为7～8。在不断搅拌下，滴加氢氧化锌共沉淀剂至溶液 pH 为 8～9，将此溶液转移至 100 mL 的容量瓶中，用水稀释至标线。用慢速干滤纸过滤，弃去 10～20 mL 初滤液，取其中 50.0 mL 滤液供测定。

4.二价铁、亚硫酸盐、硫代硫酸盐等还原性物质的消除

取适量水样（含六价铬少于 50 μg）置于 50 mL 比色管中，用水稀释至标线，加入 4 mL

显色剂(Ⅱ),混匀。放置 5 min 后,加入(1+1)硫酸溶液 1 mL,摇匀。5~10 min 后,于 540 nm 波长处,用 10 或 30 mm 的比色皿,以水作参比,测定吸光度。扣除空白试验吸光度,从校准曲线查得六价铬含量。用同法作校准曲线。

5. 次氯酸盐等氧化性物质的消除

取适量水样(含六价铬少于 50 μg)置于 50 mL 比色管中,用水稀释至标线,加入(1+1)硫酸溶液 0.5 mL,(1+1)磷酸溶液 0.5 mL,尿素溶液 1.0 mL,分别摇匀。逐滴加入 1 mL 亚硝酸钠溶液,边加边摇,以除去过量的亚硝酸钠与尿素反应生成的气泡,待气泡除尽后,步骤同样品测定(免去加硫酸溶液和磷酸溶液)。

(三)空白试验

按与试样完全相同的处理步骤进行空白实验,仅用 50 mL 水代替试样。

(四)样品测定

1. 取适量(含六价铬少于 50 μg)无色透明水样或经预处理的水样,置于 50 mL 比色管中,用水稀释至标线,加入(1+1)硫酸溶液 0.5 mL 和(1+1)磷酸溶液 0.5 mL,摇匀。

2. 加 2 mL 显色剂(Ⅰ),摇匀。5~10 min 后,于 540 nm 波长处,用 10 或 30 mm 的比色皿,以水作参比,测定吸光度并做空白校正,从校准曲线上查得六价铬的含量。

(五)校准曲线的绘制

1. 向一系列 50 mL 比色管中分别加入分别加入 0,0.20,0.50,1.00,2.00,4.00,6.00,8.00,10.00 mL 铬标准溶液(Ⅰ)(如用锌盐沉淀分离,则应加倍加入标准溶液),用水稀释至 50 mL 标线。然后按照和水样同样的预处理和测定步骤操作。

2. 测得的吸光度经空白校正后,绘制吸光度对六价铬含量的校准曲线。

五、结果分析

六价铬含量的计算公式如下:

$$六价铬(Cr,mg/L)=\frac{m}{V}$$

式中:m ——从校准曲线上查得的六价铬含量,μg;

V ——水样的体积,mL。

六、注意事项

1. 所有玻璃仪器(包括采样的),不能用重铬酸钾洗液洗涤,可用硝酸、硫酸混合液洗涤剂洗涤,洗涤后要冲洗干净。玻璃器皿内壁要求光洁,防止铬被吸附。

2. 铬标准溶液有两种浓度,其中每毫升含 5.00 μg 六价铬的标准溶液适用于高含量水样的测定,测定时使用显色剂(Ⅱ)和 10 mm 比色皿。

3. 六价铬与二苯碳酰二肼反应时,显色酸度一般控制在 0.05 ~ 0.3 mol/L ($1/2H_2SO_4$),以 0.2 mol/L 时显色最好。显色前,水样应调至中性。显色时,温度和放置时间对显色有影响,在温度 15 ℃,5~15 min,颜色即可稳定。

4. 如测定清洁地表水，显色剂可按下法配制：溶解 4.0 g 苯二甲酸酐于 80 mL 95%乙醇中，搅拌溶解(必要时可用水浴微温)，加入 0.5 g 二苯碳酰二肼，用乙醇稀释至 100 mL。此溶液于暗处可保存六个月。使用时要注意加入显色剂后立即摇匀，以免六价铬被还原。

5. 水样经锌盐沉淀分离预处理后，仍含有有机物干扰测定时，可用酸性高锰酸钾氧化法破坏有机物后再测定。即取 50.0 mL 滤液置于 150 mL 锥形瓶中，加入几粒玻璃珠，再加入(1+1)硫酸溶液 0.5 mL 和(1+1)磷酸溶液 0.5 mL，摇匀。加入 4%高锰酸钾溶液 2 滴，如紫红色褪去，则应添加高锰酸钾溶液保持紫红色。加热煮沸至溶液体积约剩 20 mL，取下稍冷却，用中速定量滤纸过滤，用水洗涤数次，合并滤液和洗液至 50 mL 比色管中。加入 1 mL 尿素溶液，摇匀。用滴管滴加亚硝酸钠溶液，每加一滴充分摇匀，至高锰酸钾的紫红色刚好褪去。稍停片刻，待溶液内气泡逸出，用水稀释至标线，直接加入显色剂后测定。

实验三　水质总铬的测定——二苯碳酰二肼分光光度法

铬的化合物常见的价态有三价铬和六价铬，水中的铬一般以 Cr^{3+}、CrO_4^{2-}、$HCr_2O_7^-$、$Cr_2O_7^{2-}$ 形式存在，铬具有强毒性，是致癌物质。铬的工业来源主要是含铬矿石的加工、金属表面处理、皮革鞣制、印染等行业。

常用的测定方法有：二苯碳酰二肼分光光度法、原子吸收法、硫酸亚铁铵滴定法。本实验采用二苯碳酰二肼分光光度法。

一、实验目的

1. 掌握水中总铬测定的消解方法，掌握六价铬测定方法。
2. 熟悉分光光度计的使用及掌握标准曲线的绘制方法。

二、实验原理

在酸性溶液中，试样中的三价铬被高锰酸钾氧化成六价铬，六价铬与二苯碳酰二肼反应生成紫红色化合物，于波长 540 nm 处进行分光光度测定。过量的高锰酸钾用亚硝酸钠分解，而过量的亚硝酸钠又被尿素分解。

实验三 相关国标

三、仪器与试剂

(一)仪器

分光光度计；比色管：50 mL。

(二)试剂

1. 丙酮(C_3H_6O)

2. (1+1)硫酸溶液

将硫酸（H_2SO_4，ρ =1.84 g/mL，优级纯）缓缓加入到同体积的水中，混匀。

3. (1+1)磷酸溶液

将磷酸（H_3PO_4，ρ =1.69 g/mL）与等体积水混合。

4. 硝酸(HNO_3，ρ =1.42 g/mL)

5. 氯仿($CHCl_3$)

6. 40 g/L 高锰酸钾溶液

称取高锰酸钾（$KMnO_4$）4 g，在加热和搅拌下溶于水，最后稀释至 100 mL。

7. 200 g/L 尿素溶液

称取尿素[$(NH_2)_2CO$]20 g，溶于水并稀释至 100 mL。

8. 20 g/L 亚硝酸钠溶液

称取亚硝酸钠($NaNO_3$)2 g，溶于水并稀释至 100 mL。

9. 氢氧化铵(1+1 溶液)

氨水($NH_3 \cdot H_2O$，ρ=0.90 g/mL)与等体积水混合。

10. 铜铁试剂(50 g/mL 溶液)

称取铜铁试剂[$C_6H_5N(NO)ONH_4$]5 g，溶于冰水中并稀释至 100 mL，临用时新配。

11. 铬标准贮备液(100 mg/L)

称取于 110 ℃干燥 2 h 的重铬酸钾 ($K_2Cr_2O_7$，优级纯)0.2829 g，用水溶解后，移入 1000 mL 容量瓶中，用水稀释至标线，摇匀。此溶液 1 mL 含 0.10 mg 六价铬。

12. 铬标准溶液(Ⅰ，1 mg/L)

吸取 5.00 mL 铬标准贮备液置于 500 mL 容量瓶中，用水稀释至标线，摇匀。此溶液 1 mL 含 1.00 μg 六价铬，使用当天配制。

13. 铬标准溶液(Ⅱ，5 mg/L)

吸取 25.00 mL 铬标准贮备液置于 500 mL 容量瓶中，用水稀释至标线，摇匀。此溶液 1 mL 含 5.00 μg 六价铬，使用当天配制。

14. 显色剂(2 g/L 丙酮溶液)

称取二苯碳酰二肼($C_{13}H_{14}N_4O$)0.2 g，溶于 50 mL 丙酮中，加水稀释至 100 mL，摇匀。贮于棕色瓶，置于冰箱中保存，色变深后不能使用。

四、实验步骤

(一)样品采集

样品应用玻璃瓶采集，采集时，加入硝酸调节样品 pH 小于 2。在采集后尽快测定。如放置，不得超过 24 h。

(二)样品预处理

1. 一般清洁的地面水可直接用高锰酸钾氧化后测定。

2. 硝酸-硫酸消解：样品中含有大量的有机物需进行消解处理。

取 50.0 mL 或适量样品(含铬少于 50 μg)，置于 100 mL 烧杯中，加入 5 mL 硝酸和 3 mL硫酸，蒸发至冒白烟，如溶液仍有色，再加入 5 mL 硝酸，重复上述操作，至溶液清澈，冷却。用水稀释至 10 mL，用氢氧化铵溶液中和至 pH 为 1～2，移入 50 mL 容量瓶中，用水稀释至标线，摇匀，供测定。

3. 铜铁试剂-氯仿萃取除去钼、钒、铁、铜。

取 50.0 mL 或适量样品(含铬少于 50 μg)，置于 100 mL 分液漏斗中，用氢氧化铵溶液调至中性(加水至 50 mL)。加入 3 mL 硫酸溶液。用冰水冷却，再入 5 mL 铜铁试剂后振摇 1 min，置冰水中冷却 2 min。每次用 5 mL 氯仿共萃取三次，弃去氯仿层。将水层移入锥形瓶中，用少量水洗涤分液漏斗，洗涤水亦并入锥形瓶中。加热煮沸，使水层中氯仿挥发后按(2)②和(3)处理。

(三)高锰酸钾氧化三价铬

取 50 mL 或适量(铬含量少于 50 μg)样品,置于 150 mL 锥形瓶中,用氢氧化铵溶液或硫酸溶液调至中性,加入几粒玻璃珠,加入 0.5 mL 硫酸溶液、0.5 mL 磷酸溶液(加水至 50 mL),摇匀,加 2 滴高锰酸钾溶液,如紫红色褪去,则应添加高锰酸钾溶液保持紫红色。加热煮沸至溶液体积约剩 20 mL。取下冷却,加入 1 mL 尿素溶液,摇匀。用滴管滴加亚硝酸钠溶液,每加一滴充分摇匀,至高锰酸钾的紫红色刚好褪去。稍等片刻,待溶液内气泡溢出,转移至 50 mL 比色管中。

(四)样品测定

1. 取适量(含六价铬少于 50 μg)无色透明水样或经预处理的水样,置于 50 mL 比色管中,用水稀释至标线,加入(1+1)硫酸溶液 0.5 mL 和(1+1)磷酸溶液 0.5 mL,摇匀。

2. 加 2 mL 显色剂(Ⅰ),摇匀。5～10 min 后,于 540 nm 波长处,用 10 mm 或 30 mm 的比色皿,以水作参比,测定吸光度并做空白校正,从校准曲线上查得六价铬的含量。

(五)校准曲线的绘制

1. 向一系列 50 mL 比色管中分别加入分别加入 0,0.20,0.50,1.00,2.00,4.00,6.00,8.00,10.00 mL 铬标准溶液(Ⅰ)(如用锌盐沉淀分离则应加倍加入标准溶液),用水稀释至 50 mL 标线。然后按照和水样同样的预处理和测定步骤操作。

2. 测得的吸光度经空白校正后,绘制吸光度对六价铬含量的校准曲线。

五、结果分析

含铬量的计算公式如下:

$$\text{总铬含量}(\text{Cr},\text{mg/L}) = \frac{m}{V}$$

式中:m ——从校准曲线上查得的六价铬含量,μg;

V ——水样的体积,mL。

六、注意事项

1. 所有玻璃仪器(包括采样的),不能用重铬酸钾洗液洗涤,可用硝酸、硫酸混合液洗涤剂洗涤,洗涤后要冲洗干净。玻璃器皿内壁要求光洁,防止铬被吸附。

2. 也可用叠氮化钠还原过量的高锰酸钾。即在氧化步骤完成后取下,趁热逐滴加入浓度为 2 g/L 的叠氮化钠溶液,每加一滴立即摇匀,煮沸,重复数次,至紫红色完全褪去,继续煮沸 1 min。警告:叠氮化钠是易爆危险品。

3. 如样品中含有少量铁(Fe^{3+})干扰测定,可将实验步骤(3)中加入 0.5 mL 硫酸、0.5 mL 磷酸溶液改为加入 1.5 mL 磷酸溶液。

实验四　水质铜的测定——2,9-二甲基-1,10-菲啰啉分光光度法

重金属(铜、铅、镉、汞等)在工业中应用广泛,每年都有大量的重金属随工业废水的排入天然水体中,导致水体重金属污染。重金属在进入水体后不会自动消失,而且特别容易在生物体内积累,所以重金属对生态环境和人体健康的危害是非常严重的。尽管重金属在进入环境后以各种形态存在,而且不同形态的重金属,其生物毒性也是不一样的,但测定水体中金属总量对于我们了解水体的重金属污染状况,制定相应的污染控制对策是很有帮助的。重金属铜测定的国家标准主要有原子吸收分光光度法、2,9-二甲基-1,10-菲啰啉分光光度法及二乙胺基二硫代甲酸钠分光光度法。本实验利用2,9-二甲基-1,10-菲啰啉分光光度法,测定水质铜。水中大量的铬和锡、氧化性离子、氰化物、硫化物和有机物干扰铜的测定,可通过加入亚硫酸盐还原络离子消除干扰,加入盐酸羟胺消除锡和其他氧化性离子的干扰,通过消解除去氰化物、硫化物和有机物的干扰。

实验四 相关国标

一、实验目的

1.以铜为例,掌握水中重金属测定的消解方法。

2.掌握分光光度法测定水中重金属的方法。

二、测定原理

在中性或微酸性溶液中,二价铜离子被盐酸羟胺还原为亚铜离子后和2,9-二甲基-1,10-菲啰啉(以DP表示)反应生成的黄色络合物可被氯仿-甲醇混合溶液萃取。在波长457 nm处有最大吸收峰。

在25 mL有机溶剂中,铜的最低检测浓度为0.06 mg/L,测定上限为3 mg/L。此方法适用于地表水、生活污水和工业废水中铜的测定。

三、仪器与试剂

(一)仪器

1.分光光度计:配有光程10 mm和50 mm比色皿。

2.125 mL分液漏斗。

3.25 mL容量瓶。

(二)试剂

1.金属铜

纯度99.9%以上。

2.试纸

刚果红试纸或变色范围4～6的pH试纸。

3. 100 g/L 盐酸羟胺溶液

将 50 g 盐酸羟胺($NH_2OH \cdot HCl$)溶于水并稀释至 500 mL。

4. 375 g/L 枸橼酸钠($Na_3C_6H_5O_7 \cdot 2H_2O$)

将 150 g 枸橼酸钠溶解于 400 mL 水中,加入 5 mL 100 g/L 盐酸羟胺和 10 mL 1 g/L 的 DP 溶液,用 50 mL 氯仿萃取以除去其中的杂质铜,弃去氯仿层。

5. 5 mol/L 氨水溶液

量取 330 mL 氨水,用水稀释至 1000 mL,贮于聚乙烯瓶中。

6. 1 g/L DP(2,9-二甲基-1,10-菲啰啉)溶液

将 100 mg DP($C_{14}H_{12}N_2 \cdot 1/2H_2O$)溶于 100 mL 甲醇中。溶液可稳定一个月以上。

7. 0.20 mg/mL 铜的标准贮备液

称取 2.2000 ±0.0001 g 抛光的电解铜丝或铜箔(纯度 99.9%以上),置于 250 mL 锥形瓶中,加 10 mL 水和 5 mL 硝酸,反应速度变慢时微微加热,使铜全部溶解。随着溶液煮沸,氮的氧化物被驱除。冷却加入 50 mL 水,定量转移至 1000 mL 容量瓶中,用水稀至标线,摇匀。

8. 20.0 μg/mL 铜标准溶液

吸取 10 mL 0.2 mg/mL 铜的标准储备液置于 100 mL 容量瓶中,用水稀释至标线,摇匀。

四、实验步骤

(一)样品采样及水样保存

采集水样 1000 mL,立即进行测定。若不能立即进行测定,水样应保存在聚乙烯瓶中,并且每升加入 5 mL 6 mol/L 盐酸,酸化至 pH 为 1.5。

(二)绘制标准曲线

取 7 个分液漏斗,分别加入 20.0 μg/mL 铜标准溶液 0,1.00,2.00,3.00,4.00,6.00,8.00 mL,加水至体积为 50 mL,然后每个分液漏斗中加入 1 mL 硫酸,5 mL 100 g/L 盐酸羟胺和 10 mL 375 g/L 枸橼酸钠溶液,摇匀。先每次加1 mL 5 mol/L氨水,逐步将溶液 pH 调至 4,再每次加少量 5 mol/L 氨水至刚果红试纸正好变红(或 pH 试纸显示 4~6)。接着加入 10 mL 1 g/L DP 溶液和 10 mL 氯仿。轻轻转动并放气,旋紧活塞后剧烈振摇 30 min 以上,使黄色络合物充分被萃入氯仿中。静置分层后,用滤纸片吸去分液漏斗放液管内的水珠,塞入少量脱脂棉,将氯仿层放入 25 mL 容量瓶中。再加入 10 mL 氯仿,重复萃取一次。合并两次萃取液,用甲醇稀释至标线,摇匀。

将萃取液倒入 10 cm 比色皿内(如含铜量低于 20 μg,用 5 cm 比色皿),在 457 nm 处以氯仿为参比,测量吸光度。绘制吸光度-铜浓度的标准曲线。

(三)水样的消解与测定

1. 消解

取 100 mL 均匀水样 2 份,分别置于 2 个 250 mL 烧杯中,向每份水样加入1 mL硫酸和 5 mL 硝酸,放入几粒沸石,置于电热板上加热消解(注意勿溅失),直至冒三氧化硫白色浓烟为止。如果溶液仍然带色,冷却后加入 5 mL 硝酸,继续加热至冒白色浓烟,消解直至溶液无色。

冷却后加入约 80 mL 水,加热至沸并保持 3 min。冷却后滤入 100 mL 容量瓶内,每次用少量水洗涤烧杯和滤纸 2～3 次,洗涤水合并到容量瓶中,并用水稀释至标线,摇匀。第一份消解后试液用于水样测定;第二份消解后试液用于校核试验。

2. 测定

吸取第一份消解试液 50.0 mL 或适量体积(含铜量不超过 0.15 mg),置于 125 mL 分液漏斗中,必要时用水补充至 50 mL。以下与校准曲线的操作步骤相同。

用试液的吸光度减去空白试验的吸光度后,从校准曲线上查得铜的含量。

3. 空白试验

用 100 mL 水代替水样,同样进行消解、显色、萃取和测量吸光度。

4. 校核试验

从第二份消解试液中吸取适量体积的溶液,加入铜标准溶液数毫升,溶液总体积不超过 50 mL,含铜量不超过 0.15 mg。以下与校准曲线操作步骤相同,进行显色、萃取和测量吸光度。

五、结果分析

含铜量按下式计算:

$$总铜含量(Cu,mg/L)=\frac{m}{V}$$

式中:m—— 为试液测得铜量,μg;

V—— 为水样体积,mL。

六、注意事项

1. 采用氯仿-甲醇的混合溶液进行萃取,甲醇的作用是使络合物的黄色加深至最大限度。

2. 分液漏斗的活塞不得涂抹凡士林防漏,因为凡士林溶于氯仿会给实验结果带来误差。

3. 本标准中使用的显色剂英文名称为“neocuproine”,被翻译成中文的名称不统一,有的称为新铜试剂,有的称为新亚铜试剂或新试铜灵,为了避免误会,现使用“2,9-二甲基-1,10-菲啰啉”名称。

七、思考题

1. 可见分光光度法与原子吸收分光光度法测定水中铜的优缺点各是什么?

2. 测定时常见的干扰因素有哪些? 怎样消除?

3. 请根据国家有关环境标准对所测水样的重金属污染状况进行评价。

实验五 水质溶解氧测定——碘量法

溶解在水中的分子态氧称为水质溶解氧(DO)。天然水的溶解氧含量取决于水体与大气中氧的平衡,溶解氧的饱和含量和空气中氧的分压、大气压力、水温有密切关系。清洁地表水的溶解氧接近饱和;由于藻类的生长,溶解氧可能过饱和;水体受有机、无机还原性物质污染时溶解氧降低。当大气的氧来不及补充时,水中溶解氧逐渐降低,此时厌氧菌会繁殖,水质恶化,导致鱼虾死亡。废水中溶解氧的含量取决于废水排出前的处理工艺过程。当水体中溶解氧小于 4 mg/L 时易造成鱼类窒息死亡,因此,溶解氧是评价水质的重要指标之一。

测定水中溶解氧常用碘量法及其修正法和膜电极法。清洁水可直接采用碘量法测定。

实验五 相关国标

一、实验目的

1. 掌握碘量法测定水中溶解氧的原理和方法。
2. 掌握水样存在不同干扰物时的处理方法。

二、实验原理

在水样中加入硫酸锰和碱性碘化钾,水中溶解氧将低价锰氧化成高价锰,生成四价锰的氢氧化物棕色沉淀。加酸后,氢氧化物沉淀溶解并与碘离子反应,释出游离碘。以淀粉作为指示剂,用硫代硫酸钠滴定释出的碘,即可计算出溶解氧的含量。反应式如下:

$MnSO_4 + 2NaOH = Mn(OH)_2\downarrow$(白色)$+ Na_2SO_4$

$2Mn(OH)_2 + O_2 = 2MnO(OH)_2$(棕色,即 H_2MnO_3,亚锰酸)

$MnO(OH)_2 + 2KI + 2H_2SO_4 = I_2 + MnSO_4 + K_2SO_4 + 3H_2O$

$I_2 + 2Na_2S_2O_3 = 2NaI + Na_2S_4O_6$(连四硫酸钠)

三、仪器与试剂

(一)仪器

1. 250 mL 溶解氧瓶或具塞试剂瓶。
2. 50 mL 碱式滴定管。
3. 1 mL,25 mL,100 mL 移液管各 1 支。
4. 10 mL,100 mL 量筒。
5. 250 mL 碘量瓶。

(二)试剂

1. 硫酸锰溶液

将 480 g 硫酸锰($MnSO_4 \cdot 4H_2O$)或 364 g $MnSO_4 \cdot H_2O$ 溶于水中,用水稀释成 1000 mL。(此溶液中不能含有高价锰。试验方法是取少量此溶液加入碘化钾及稀硫酸后溶液不能变成黄色，如变成黄色表示有少量碘析出，即表示溶液中含有高价锰。）

$MnO_3^{2-} + 2I^- + 6H^+ = I_2 + Mn^{2+} + 3H_2O$

2. 碱性碘化钾溶液

称取 500 g 氢氧化钠溶解于 300～400 mL 水中。另取 150 g 碘化钾（或 135 g 碘化钠）溶于 200 mL 水中，待氢氧化钠溶液冷却后，将两溶液合并，混匀，用水稀释至 1000 mL。如有沉淀，则放过夜后，倾出上清液，贮藏于塑料瓶或棕色瓶中，用橡皮塞塞紧，避光保存。此溶液酸化后，遇淀粉不应呈蓝色。

3. （1＋5）硫酸溶液

将 1 体积浓硫酸（比重 1.84 g/mL）边搅拌边缓缓倒入 5 体积水中，混匀。

4. 1％淀粉指示液

称取 1 g 可溶性淀粉，溶于少量水中，用玻璃棒调成糊状，慢慢加入（边加边搅拌）刚煮沸的 100 mL 水中，再煮沸 1 min，冷却后加入 0.1 g 水杨酸或 0.4 g 氯化锌（$ZnCl_2$）防腐剂。此溶液遇碘应变为蓝色，如变成紫色表示已有部分变质，要重新配制。

5. 重铬酸钾标准溶液[$c(1/6\ K_2Cr_2O_7) = 0.0250$ mol/L]

称取预先在 120 ℃烘干 2 h 的基准或优质纯重铬酸钾 1.2258 g 溶于水中，移入 1000 mL 容量瓶，用水稀释至标线，摇匀。

6. 硫代硫酸钠溶液[$c(Na_2S_2O_3) = 0.025$ mol/L]

称取 6.25 g 硫代硫酸钠（$Na_2S_2O_3 \cdot 5H_2O$）溶于煮沸放冷的水中，加入 0.2 g 碳酸钠，用水稀释至 1000 mL。贮于棕色瓶中，使用前用 0.0250 mol/L 重铬酸钾标准溶液标定，标定方法如下。吸取 3 份 10.00 mL 0.0250 mo/L 重铬酸钾标准溶液分别放入 3 个碘量瓶中，各加入 50 mL 水和 1 g 碘化钾，5 mL（1＋5）硫酸溶液，密塞，摇匀，于暗处静置 5 min 后，用硫代硫酸钠溶液滴定至溶液呈淡黄色，加入 1 mL 淀粉溶液，继续滴定至蓝色刚好变为亮绿色（Cr^{3+}）为止，记录 $Na_2S_2O_3$ 溶液用量 $V_{1\text{-}1}$、$V_{1\text{-}2}$、$V_{1\text{-}3}$，求其平均值，按下式计算硫代硫酸钠溶液的准确浓度。

$$c(Na_2S_2O_3) = \frac{c(K_2Cr_2O_7) \times V(K_2Cr_2O_7)}{V_{1\text{-}i}}$$

式中：$c(Na_2S_2O_3)$——硫代硫酸钠标准溶液的浓度，mol/L；

$c(K_2Cr_2O_7)$——重铬酸钾标准溶液的浓度（$1/6\ K_2Cr_2O_7$），mol/L；

$V(K_2Cr_2O_7)$——吸取重铬酸钾标准溶液的体积，mL；

$V_{1\text{-}i}$——滴定时，消耗硫代硫酸钠标准溶液的量，mL，$i = 1,2,3$。

四、实验步骤

（一）采样

用水样冲洗溶解氧瓶后，沿瓶壁直接注入水样或用虹吸法将细玻璃管插入溶解氧瓶底部，注入水样溢流出瓶容积的 1/3～1/2，迅速盖上瓶塞。取样时不能使采集的水样与空气接触，且瓶口不能留有空气泡，采样后为防止溶解氧的变化应立即在取样现场固定溶解氧。

(二)溶解氧的固定

用移液管插入溶解氧瓶的液面下，加入 1 mL 硫酸锰溶液，2 mL 碱性碘化钾溶液(加注试剂时，为避免注入空气，应将吸量管插入溶解氧瓶的液面下)，盖好瓶塞(勿使瓶中留有气泡)，颠倒混合数次，静置。待棕色沉淀物降至瓶内一半时，再颠倒混合一次，待沉淀物下降到瓶底。水样中溶解氧在取样现场固定后，保存于暗处数小时，带回实验室进行测定。

(三)碘析出

轻轻打开瓶塞，立即用移液管插入液面下加入 2.0 mL (1+5)硫酸，小心盖好瓶塞，颠倒混合摇匀至沉淀物全部溶解为止，放置暗处 5 min。

(四)滴定

从溶氧瓶中吸取 25.00 mL 水样 2 份，各放入 2 个 250 mL 锥形瓶中，用 $Na_2S_2O_3$ 标准溶液滴定至溶液呈淡黄色，加入 1 mL 淀粉指示剂，继续滴定至蓝色刚刚变为无色，即为终点。记录 $Na_2S_2O_3$ 标准溶液用量 $V_{(Na_2S_2O_3)}$。

五、结果分析

DO 的计算公式如下：

$$DO=\frac{c(Na_2S_2O_3)\times V(Na_2S_2O_3)\times 8\times 1000}{V(H_2O)}$$

式中：$c(Na_2S_2O_3)$——硫代硫酸钠标准溶液的量浓度，mol/L；

$V(Na_2S_2O_3)$—硫代硫酸钠标准溶液的用量，mL；

8——氧($1/4O_2$)的摩尔质量，g/mol；

$V(H_2O)$——水样的体积，mL。

六、注意事项

1. 一般规定要在取水样后立即进行溶解氧的测定。如果不能在取水样处完成，应该在水样采取后立即加入硫酸锰及碱性碘化钾溶液，使溶解氧固定在水中，其余的测定步骤可送往实验室进行。取样与进行测定时间间隔不要太长，以不超过 4 h 为宜。

2. 瓶中充满水样时，必须不留空气泡，不然空气泡中的氧也会氧化 $Mn(OH)_2$，使分析结果偏高。

3. 水中如果有亚硝酸盐存在，亚硝酸氮含量大于 0.1 mg/L 时，会使分析结果偏高。为了获得正确的结果，可在用浓硫酸溶解沉淀之前，在水样瓶中加入数滴 5%叠氮化钠溶液消除。

4. 当 Fe^{3+} 的含量大于 1 mg/L 时，溶液酸化后 Fe^{3+} 将与 KI 作用而析出碘，这样就使分析结果偏高。为了使测定溶解氧获得正确的结果，可以在沉淀未溶解以前，加入 2 mL 40%的氟化钾溶液，然后用 4 mL 85%的磷酸(H_3PO_4)代替硫酸，以抑制 Fe^{3+} 与 KI 的作用。

七、思考题

1. 测定溶解氧时为什么采用虹吸法取水样？若用一般方法取水样，所测得溶解氧值增大还是减小？

2. 在水样中，有时加入 $MnSO_4$ 和碱性 KI 溶液后，只生成白色沉淀，是否还需继续滴定？为什么？

3. 碘量法测定水中溶解氧时，淀粉指示剂加入先后次序对测定有何影响？

实验六　水质氨氮的测定——纳氏试剂分光光度法

氨氮(NH_4^+-N)以游离氨(NH_3)或铵盐(NH_4^+)形式存在于水中，两者的组成比取决于水的 pH 和水温。当 pH 偏高时，游离氨的比例较高；反之，则铵盐的比例较高。水中氨氮的来源主要是微生物对生活污水中含氮有机物的分解作用，某些工业废水如焦化废水和合成氮化肥厂废水等，以及农田排水。此外，在无氧环境中，水中存在的亚硝酸盐亦可被微生物还原为氨。在有氧环境中，水中氨亦可转变为亚硝酸盐，甚至继续转变为硝酸盐。测定水中各种形态的氮化合物，有助于评价水体被污染和“自净”状况。鱼类对水中氨氮比较敏感，氨氮含量会导致鱼类死亡。

实验六 相关国标

一、实验目的

1. 掌握氨氮的测定原理、预处理方法和测定方法。
2. 熟悉分光光度计的使用，标准曲线的绘制。

二、实验原理

氨与纳氏试剂(碘化汞和碘化钾的碱性溶液)反应可生成黄色的络合物，其色度与氨含量成正比，可在 410～425 nm 波长下比色测定，检出极限为 0.025 mg/L。水样带色、浑浊或含其他干扰物质，会影响氨氮的测定。对较清洁的水，可采用絮凝沉淀法，对污染严重的水或工业废水，需在 pH 为 7.4 的磷酸盐缓冲溶液中预先蒸馏分离，消除干扰。

三、仪器与试剂

(一)仪器

1. 可见分光光度计

具 2 cm 比色皿。

2. 氨氮蒸馏装置

由 500 mL 凯氏烧瓶、氮球、直形冷凝管和导管组成。冷凝管末端可连接一段适当长度的滴管，使出口尖端浸入吸收液液面下。亦可使用 500 mL 蒸馏烧瓶。

(二)试剂

配制试剂用水均应为无氨水。

1. 无氨水

可选用下列方法之一进行制备：

(1)蒸馏法：每升蒸馏水中加 0.1 mL 硫酸，在全玻璃蒸馏器中重蒸馏，弃去 50 mL 初馏液，接取其余馏出液于具塞磨口的玻璃瓶中，密塞保存。

(2)离子交换法：使蒸馏水通过强酸性阳离子交换树脂柱。

2. 盐酸，1 mol/L

3. 氢氧化钠，1 mol/L

4. 轻质氧化镁（MgO）

将氧化镁在 500 ℃下加热，以除去碳酸盐。

5. 0.05%溴百里酚蓝指示液（pH 6.0～7.6）

6. 防沫剂，如石蜡碎片

7. 吸收液

（1）2%硼酸溶液：称取 20 g 硼酸溶于水，稀释至 1 L。

（2）0.01 mol/L 硫酸溶液。

8. 纳氏试剂

可选择下列方法之一制备：

（1）称取 20 g 碘化钾溶于约 100 mL 水中，边搅拌边分次少量加入氯化汞（$HgCl_2$）结晶粉末（约 10 g），至出现朱红色沉淀不易溶解时，滴加饱和氯化汞溶液，并充分搅拌，当出现微量朱红色沉淀不再溶解时，停止滴加氯化汞溶液。另称取 60 g 氢氧化钾溶于水，并稀释至 250 mL，充分冷却至室温后，将上述溶液在搅拌下，徐徐注入氢氧化钾溶液中，用水稀释至 400 mL，混匀。静置过夜，将上清液移入聚乙烯瓶中，密塞保存。

（2）称取 16 g 氢氧化钠，溶于 50 mL 水中，充分冷却至室温。另称取 7 g 碘化钾和 10 g 碘化汞（HgI_2）溶于水，然后将此溶液在搅拌下徐徐注入氢氧化钠溶液中。用水稀释至 100 mL，贮于聚乙烯瓶中，密塞保存。

9. 酒石酸钾钠溶液

称取 50.0 g 酒石酸钾钠（$KNaC_4H_6O_6 \cdot 4H_2O$）溶于 100 mL 水中，加热煮沸以去除氨，充分冷却后稀释至 100 mL。

10. 铵标准贮备溶液

称取 3.819 g 经 100 ℃干燥过的优质纯氯化铵（NH_4Cl）溶于水中，移入 1000 mL 容量瓶中，稀释至标线。此溶液每毫升含 1.00 mg 氨氮，可在 2～5 ℃下保存 1 个月。

11. 铵标准使用溶液

移取 5.00 mL 铵标准贮备液于 500 mL 容量瓶中，用水稀释至标线。此溶液每毫升含 0.010 mg 氨氮。

12. 10%硫酸锌溶液

称取 10 g 硫酸锌溶于水，稀释至 100 mL。

13. 25%氢氧化钠溶液

称取 25 g 氢氧化钠溶于水，稀释至 100 mL，贮于聚乙烯瓶中。

14. 浓硫酸，$\rho=1.84/cm^3$

15. 硫代硫酸钠溶液

称取 3.5 g 硫代硫酸钠（$Na_2S_2O_3$）溶于水中，稀释至 1000 mL。

16. 淀粉-碘化钾试纸

称取 1.5 g 可溶性淀粉于烧杯中，用少量水调成糊状，加入 200 mL 沸水，搅拌混匀放冷。加 0.50 g 碘化钾（KI）和 0.50 g 碳酸钠（Na_2CO_3），用水稀释至 250 mL。将滤纸条浸渍后，取出晾干，于棕色瓶中密封保存。

17. 硫酸锌溶液

称取 10.0 g 硫酸锌（$ZnSO_4 \cdot 7H_2O$）溶于水中，稀释至 100 mL。

18. 氢氧化钠溶液

称取 25 g 氢氧化钠溶于水中，稀释至 100 mL。

19. 氢氧化钠溶液，$c(NaOH)=1$ mol/L

称取 4 g 氢氧化钠溶于水中，稀释至 100 mL。

20. 盐酸溶液，$c(HCl)=1$ mol/L

取 8.5 mL 浓盐酸于 100 mL 容量瓶中，用水稀释至标线。

21. 溴百里酚蓝指示剂，0.05%

称取 0.05 g 溴百里酚蓝溶于 50 mL 水中，加入10 mL无水乙醇，用水稀释至 100 mL。

四、实验步骤

(一)样品的采集与保存

水样采集在聚乙烯瓶或玻璃瓶内，要尽快分析。如需保存，应加硫酸使水样酸化至 pH<2，2～5 ℃下可保存 7 d。

(二)水样的预处理

1. 除余氯

若样品中存在余氯，可加入适量的硫代硫酸钠溶液去除。每加 0.5 mL 可去除 0.25 mg 余氯，用淀粉-碘化钾试纸检验余氯是否除尽。

2. 絮凝沉淀

100 mL 样品中加入 1 mL 硫酸锌溶液和 0.1～0.2 mL 氢氧化钠溶液，调节 pH 约为 10.5，混匀，放置使之沉淀，倾取上清液分析。必要时，用经水冲洗过的中速滤纸过滤，弃去初滤液 20 mL。也可对絮凝后样品离心处理。

3. 预蒸馏

将 50 mL 硼酸溶液移入接收瓶内，确保冷凝管出口在硼酸溶液液面之下。分取 250 mL 水样，移入凯氏烧瓶中，加几滴溴百里酚蓝指示剂，用氢氧化钠溶液或盐酸溶液调整 pH

至 6.0(指示剂呈黄色)～7.4(指示剂呈蓝色),加入 0.25 g 轻质氧化镁及数粒玻璃珠,立即连接氮球和冷凝管。加热蒸馏,使馏出液速率约为 10 mL/min,待馏出液达 200 mL 时,停止蒸馏,加水定容至 250 mL。

(三)标准曲线的绘制

在 7 支 50 mL 比色管中,分别加入铵标准溶液(含氨氮 10 μg/mL)0.00,0.50,1.00,3.00,5.00,7.00,10.00 mL,加无氨水稀释至刻度。在上述各比色管中,分别加入 1.0 mL 酒石酸钾钠,摇匀,再加入 1.5 mL 纳氏试剂,摇匀放置 10 min 后,在波长 420 nm 处,用 2 cm比色皿,以水为参比测定吸光度,绘制标准曲线。

(四)水样的测定

如为较清洁的水样,直接取 50 mL 澄清水样置于 50 mL 比色管中。一般水样则取用上述方法预处理的水样 50 mL,同样置于 50 mL 比色管中。若氨氮含量太高可酌情取适量水样用无氨水稀释至 50 mL。分别加入 1.0 mL 酒石酸钾钠,摇匀,再加入 1.5 mL 纳氏试剂,摇匀放置 10 min 后,在波长 420 nm 处,用 2 cm 比色皿,以水为参比测定吸光度,从标准曲线上查得水样氨氮的含量(mg/L)。

(五)空白试验

以无氨水代替水样,做全程序空白测定。

五、结果分析

由水样测得的吸光度减去空白试验的吸光度后,从标准曲线上查得氨氮含量。

水样中氨氮的浓度:

$$c = \frac{m \times 1000}{V}$$

式中:c ——水中氨氮的浓度,mg/L;

m ——由校准曲线上查得氨氮含量,mg;

V ——水样体积,mL。

六、注意事项

1. 纳氏试剂中碘化汞和碘化钾的比例,对显色反应的灵敏度有较大影响。静置后生成的沉淀应除去。

2. 滤纸中常含痕量铵盐,使用时注意用无氨水洗涤。所用玻璃器皿应避免实验室空气中氨的沾污。

七、思考题

1. 在蒸馏比色测定氨氮时,为什么要调节水样的 pH 为 7.0? pH 偏高或偏低对测定结果有何影响?

2. 在测定水样氨氮时,蒸馏操作中怎么避免发生倒吸?

3. 用纳氏比色法测定氨氮时主要有哪些干扰,如何消除?

实验七 水质亚硝酸盐氮的测定——盐酸萘乙二胺分光光度法

亚硝酸盐氮(NO_2^--N)是氮循环的中间产物,不稳定。根据水环境条件,可被氧化成硝酸盐,也可被还原成氮。亚硝酸盐可使人体的低铁血红蛋白氧化成为高铁血红蛋白,发生高铁血红蛋白血症,失去血红蛋白在体内输送氧的能力,出现组织缺氧的症状。亚硝酸盐可与仲胺类反应生成致癌物质,在 pH 较低的酸性条件下,有利于亚硝酸胺类的形成。亚硝酸盐在水中受微生物等作用而很不稳定,在采集后应尽快进行分析,必要时冷藏以抑制微生物的影响。

水中亚硝酸盐的测定方法通常采用重氮-偶联反应,生成红紫色染料,方法灵敏、选择性强。此外,还有目前国内外普遍使用的离子色谱法和气相分子吸收法。这两种方法须使用专用仪器,方法简便、快速,干扰较少。

实验七 相关国标

一、实验目的

1. 掌握盐酸萘乙二胺分光光度法测定亚硝酸盐氮的基本原理和方法;
2. 了解测定亚硝酸盐氮对环境化学研究的作用和意义。

二、实验原理

在 pH 2.0～2.5 时,水中亚硝酸盐与对氨基苯磺酸生成重氮盐,再与盐酸萘乙二胺偶联生成红色染料,最大吸收波长为 543 nm,其色度与亚硝酸盐含量成正比,可用分光光度法测定,检出下限为 0.005 μg/mL,测定上限为 0.1 μg/mL。

三、仪器与试剂

(一)仪器

50 mL 具塞比色管;分光光度计。

(二)试剂

1. 不含亚硝酸盐的蒸馏水

蒸馏水中加入少量高锰酸钾晶体,使呈红色,再加氢氧化钡(或氢氧化钙),使呈碱性,重蒸馏。弃去 50 mL 初馏液,收集中间 70%的无锰部分。也可于每升蒸馏水中加入 1 mL 浓硫酸和 0.2 mL 硫酸锰溶液(每 100 mL 蒸馏水中含有 36.4 g $MnSO_4 \cdot H_2O$),及 1～3 mL 0.04%高锰酸钾溶液使呈红色,然后重蒸馏。

2. 亚硝酸盐标准储备液

称取 1.232 g 亚硝酸钠溶于水中,加入 1 mL 氯仿,稀释至 1000 mL。此溶液每毫升含亚硝酸盐氮约 0.25 mg。由于亚硝酸盐氮在湿空气中易被氧化,所以储备液需标定。

标定方法:吸取 50.00 mL 0.050 mol/L 高锰酸钾溶液,加 5 mL 浓硫酸及 50.00 mL 亚硝酸钠储备液于 300 mL 具塞锥形瓶中(加亚硝酸钠贮备液时需将吸管插入高锰酸钾溶液液面以下)混合均匀,置于水浴中加热至 70～80 ℃,按每次 10.00 mL 的量加入足够的

0.050 mol/L 草酸钠标准溶液，使高锰酸钾溶液褪色并过量，记录草酸钠标准溶液用量(V_2)；再用高锰酸钾溶液滴定过量的草酸钠至溶液呈微红色，记录高锰酸钾溶液用量(V_1)。用 50 mL 不含亚硝酸盐的水代替亚硝酸钠贮备液，如上操作，用草酸钠标准溶液标定高锰酸钾溶液的浓度(c_1)，

按下式计算高锰酸钾溶液浓度(单位：mol/L)：

$$c_1 = 0.0500 \times V_4 / V_3$$

按下式计算亚硝酸盐氮标准储备液的浓度：

$$c = (c_1 V_1 - 0.0500 \times V_2 \times 7.00 \times 1000) / 50.00$$

式中：c ——亚硝酸盐氮浓度，μg/mL；

c_1 ——经标定的高锰酸钾标准溶液(1/5 $KMnO_4$)的浓度，mol/L；

V_1 ——滴定亚硝酸盐氮标准储备液时，加入高锰酸钾标准溶液总量，mL；

V_2 ——滴定亚硝酸盐氮标准储备液时，加入草酸钠标准溶液总量，mL；

V_3 ——滴定水时，加入高锰酸钾标准溶液总量，mL；

V_4 ——滴定水时，加入草酸钠标准溶液总量，mL；

7.00——亚硝酸盐氮(1/2 N)的摩尔质量，g/mol；

50.00——亚硝酸盐标准储备液取用量，mL；

0.0500——草酸钠标准溶液浓度(1/2 $Na_2C_2O_4$，0.0500 mol/L)。

3. 亚硝酸盐使用液

临用时，将标准贮备液配制成含 1.0 μg/mL 的亚硝酸盐氮的标准使用液。

4. 草酸钠标准溶液(1/2 $Na_2C_2O_4$，0.0500 mol/L)

称取 3.350 g 经 105 ℃干燥 2 h 的优级纯无水草酸钠溶于水中，转入 1000 mL 容量瓶中，加水稀释至标线。

5. 高锰酸钾溶液(1/5 $KMnO_4$，0.050 mol/L)

溶解 1.6 g 高锰酸钾于约 1.2 L 水中，煮沸 0.5 h 至 1 h，使体积减小至 1000 mL 左右，放置过夜，用 G3 号熔结玻璃漏斗过滤后，将滤液贮于棕色试剂瓶中，用上述草酸钠标准溶液标定其准确浓度。

6. 氢氧化铝悬浮液

称取 125 g 硫酸铝钾[$KAl(SO_4)_2 \cdot 12H_2O$]或硫酸铝铵[$NH_4Al(SO_4)_2 \cdot 12H_2O$]溶于 1000 mL 水中，加热到 60 ℃，在不断搅拌下慢慢加入 55 mL 浓氨水，放置约 1 h，转入试剂瓶内，用水反复洗涤沉淀，至洗液中不含氨、氯化物，硝酸盐和亚硝酸盐为止。澄清后，把上层清液尽量全部倾出，只留下层悬浮物，最后加 100 mL 水。使用前应振荡均匀。

7. 盐酸萘乙二胺显色剂

50 mL 冰醋酸与 900 mL 水混合，加入 5.0 g 对氨基苯磺酸，加热使其全部溶解，再加入 0.05 g 盐酸萘乙二胺，搅拌溶解后用水稀释至 1 L。溶液无色，贮存于棕色瓶中，在冰箱中保存可稳定一个月(当有颜色时应重新配制)。

8. 氢氧化铝悬浮液

称取 125 g 硫酸铝钾[$KAl(SO_4)_2 \cdot 12H_2O$]或硫酸铝铵[$NH_4Al(SO_4)_2 \cdot 12H_2O$]，溶

于1000 mL纯水中，加热至60 ℃，在不断搅拌下，慢慢加入55 mL浓氨水，使氢氧化铝沉淀。充分搅拌后静置，弃去上层清液。反复用纯水洗涤沉淀，至倾出液无氯离子（用硝酸银检定）为止，最后加入300 mL纯水成悬浮液。使用前振荡均匀。

9.1%对氨基苯磺酰胺溶液

称取5 g对氨基苯磺酰胺（$NH_2C_6H_4SO_3NH_2$），溶于350 mL（1+6）盐酸中，用纯水稀释至500 mL。此试剂可稳定数日。

四、实验步骤

1.水样如有颜色和悬浮物，可在每100 mL水样中加入2 mL氢氧化铝悬浮液，搅拌后，静置过滤，弃去25 mL初滤液。

2.取50.00 mL澄清水样于50 mL比色管中（如亚硝酸盐氮含量高，可酌情少取水样，用无亚硝酸盐蒸馏水稀释至刻度）。

3.取7支50 mL比色管，分别加入含亚硝酸盐氮1 μg/mL的标准溶液0.00，0.50，1.00，2.00，3.00，4.00，5.00 mL，用水稀释至刻度。

4.在上述各比色管中分别加入2 mL显色剂，20 min后在540 nm处，用2 cm比色皿，以水作参比测定其吸光度，绘制标准曲线。从标准曲线上查得水样中亚硝酸盐氮的含量（μg/mL）。

5. 空白试验。用水代替水样，按水样相同步骤进行测定。

五、结果分析

$$亚硝酸盐氮(N, mg/L)=\frac{m}{V}$$

式中：m——由水样测得的校正吸光度，从标准曲线上查得相应的亚硝酸盐氮的含量，μg；

V——水样的体积，mL。

六、注意事项

1.如水样经预处理后，还有颜色，则分取两份体积相同的经预处理的水样，一份加1.0 mL显色剂，另一份改加1 mL（1+9）磷酸溶液。由加显色剂的水样测得的吸光度，减去空白试验测得的吸光度，再减去改加磷酸溶液所测得的吸光度后，获得校正吸光度，以进行色度校正。

2.显色剂有毒性，避免与皮肤接触或吸入体内。

七、思考题

在亚硝酸盐氮分析过程中，水中的强氧化性物质会干扰测定，如何消除？

实验八　水质硝酸盐氮的测定——酚二磺酸分光光度法

水中硝酸盐氮是在有氧环境下，各种形态的含氮化合物中最稳定的，亦是含氧有机物经无机化作用最终的分解产物。亚硝酸盐可经氧化而生成硝酸盐，硝酸盐在无氧环境中，亦可受微生物的作用而还原成亚硝酸盐。水中亚硝酸氮（NO_3^- - N）含量相差悬殊，从数十微克每升至数十毫克每升。制革废水、某些生化处理设施的出水和农田排水可含大量的硝酸盐，硝酸盐摄入后，可经肠道中微生物作用转变成亚硝酸盐而出现中毒现象。有报道称，水中硝酸盐氮含量达数十毫克每升时，可导致婴儿中毒。

水中硝酸盐的测定方法颇多，常用的有酚二磺酸光度法、镉柱还原法、戴氏合金还原法、离子色谱法、紫外法和电极法等。酚二磺酸光度法测量范围较宽，显色稳定。镉柱还原法适用于测定水中低含量的硝酸盐。戴氏合金还原法对严重污染并带深色的水样最为适用。离子色谱法需用专用仪器，但可同时测定多种阴离子。紫外法和电极法常作为在线快速方法使用，尤其是将电极法改为流通池后，电极性能良好，不易受检测水体的沾污和损坏。目前的自动在线监测仪多使用紫外法或电极法。水样采集后应及时进行测定。必要时，应加硫酸使 pH<2，保存在 4 ℃以下，在 24 h 内进行测定。

一、实验目的

掌握酚二磺酸光度法测定硝酸盐氮（NO_3^- - N）的原理及方法。

实验八 相关国标

二、实验原理

浓硫酸与酚作用生成酚二磺酸。在无水条件下，酚二磺酸与硝酸盐作用生成二磺酸硝基酚。二磺酸硝基酚在碱性溶液中发生分子重排生成黄色化合物，最大吸收波长在 410 nm 处，利用其色度和硝酸盐含量成正比，可进行比色测定。

少量的氯化物即能引起硝酸盐的损失，使结果偏低。可加硫酸银，使氯化物形成氯化银沉淀，过滤去除，以消除氯化物的干扰（允许氯离子存在的最高浓度为 10 μg/mL，超过此浓度就要干扰测定）。亚硝酸盐氮含量超过 0.2 μg/mL 时，可使结果偏高，可用高锰酸钾将亚硝酸盐氧化成硝酸盐，再从测定结果中减去亚硝酸盐的含量。本法的检出限为 0.02～2.0 μg/mL。

三、仪器与试剂

（一）仪器

1. 100 mL 瓷蒸发皿；2. 50 mL 具塞比色管；250 mL 三角烧瓶。
2. 分光光度计。

（二）试剂

1. 酚二磺酸

称取 25 g 苯酚，置于 500 mL 锥形瓶中，加 150 mL 浓硫酸使之溶解，再加 75 mL 发烟硫酸[含13%三氧化硫(SO_3)],充分混合,瓶口插一小漏斗,置于沸水浴内加热2 h,得淡棕色稠液,密塞贮于棕色瓶中。

注:(1)当苯酚色泽变深时,应进行蒸馏精制。

苯酚的精制:将盛有苯酚的容器于热水中加热,融化后倾出适量置于具有空气冷凝管的蒸馏瓶中,加热蒸馏,收集182～184 ℃的蒸出部分,冷却后应为无色纯净的结晶,置于棕色瓶中,冷暗处保存。

(2)当市售发烟硫酸含 SO_3 超过13%时,应以浓硫酸稀释至含 SO_3 为13%。

(3)无发烟硫酸时,亦可用浓硫酸代替,但应增加在沸水浴中加热时间至6 h。应防止制得的试剂吸收空气中的水气,以免随着硫酸浓度的降低,影响硝基化反应的进行,使测定结果偏低。

2. 浓氨水

3. 硝酸盐标准贮备液

称取0.7218 g经105～110 ℃烘2 h的优质纯硝酸钾(KNO_3)溶于水,并定容至1000 mL,加2 mL氯仿作保存剂,混匀,至少可稳定6个月。此溶液每毫升含0.100 mg硝酸盐氮。

4. 硝酸盐标准使用液

吸取50.0 mL硝酸盐标准贮备液,置于蒸发皿内。加0.1 mol/L氢氧化钠溶液,调pH至8,在水浴上加热蒸干。加入2 mL酚二磺酸,用玻棒研磨蒸发皿内壁,使残渣与酚二磺酸充分接触,放置片刻,重复研磨一次,放置10 h,加入少量水,移入500 mL容量瓶中,再用水冲洗蒸发皿,合并于容量瓶中,最后用水稀释至标线,混匀。此溶液每毫升含10.0 μg硝酸盐氮。

注:本标准溶液应同时制备两份,如发现浓度存在差异时,应重新吸取硝酸盐标准贮备液进行制备。

5. 硫酸银溶液

称取4.397 g硫酸银(Ag_2SO_4),溶于水,定容至1000 mL。此溶液1.00 mL可去除1.00 mg氯离子(Cl^-)。

6. 0.5 mol/L硫酸溶液

取2.8 mL浓硫酸,加入适量水中,稀释至100 mL。

7. 1 mol/L氢氧化钠溶液

称取40 g氢氧化钠,溶于适量水中,稀释至1000 mL。

8. 0.02 mol/L高锰酸钾溶液

将0.316 g高锰酸钾溶于水中,稀释至100 mL。

9. EDTA-二钠溶液

称取50 g乙二胺四乙酸二钠(EDTA-2Na),用20 mL水调成糊状,加入60 mL浓氨水,充分混合,使之溶解。

10. 氢氧化铝悬浮液

见亚硝酸盐测定。

四、测定步骤

(一)水样的预处理

计算水样体积时应将预处理所加各种溶液的体积扣除。

1. 去除颜色

取 100 mL 水样于 100 mL 具塞量筒中，加 2 mL 氢氧化铝悬浮液，密塞充分振荡，静置数分钟。澄清后过滤，弃去 20 mL 最初滤液。

2. 去除浊度

如水样有悬浮物，可用 0.45 μm 孔径的滤膜过滤除去。

3. 去除氯化物

取 100 mL 水样于 250 mL 三角烧瓶中，根据已测出的氯化物含量，加入相当量的硫酸银溶液。然后将瓶置于 80 ℃左右的水浴中加热，用力振摇，使氯化银沉淀充分凝聚，冷却后用慢速滤纸过滤。

4. 去除亚硝酸盐氮影响

若水样中亚硝酸盐氮含量超过 0.2 mg/L，则取 100 mL 水样，加 1.0 mL 0.5 mol/L 硫酸溶液，混匀后滴加 0.02 mol/L 高锰酸钾溶液，至淡红色保持 15 min 不褪为止。先使亚硝酸盐氧化为硝酸盐，最后从测定结果中减去这一部分亚硝酸盐氮量。

(二)蒸发

取 25.00 mL 原水样或经预处理的澄清水样，置于蒸发皿中，用 pH 试纸检查，必要时用硫酸或氢氧化钠溶液调节至微碱性(pH≈8)，置于水浴上蒸发至干。

(三)硝化

取下蒸发皿，加入 1.0 mL 二磺酸酚，用研棒研磨，使酚二磺酸与蒸发皿内残渣充分接触，放置片刻，再研磨一次，静置 10 min，加入约 10 mL 水。

(四) 显色

在搅拌下向蒸发皿内滴加 3～4 mL 浓氨水，使溶液呈现最深的颜色。如有沉淀产生，过滤；或滴加 EDTA－2Na 溶液至沉淀溶解。将溶液移入 50 mL 比色管中，用水稀释至标线，混匀。

(五)标准曲线制作

另取 10 支 50 mL 比色管，分别加入硝酸盐氮标准应用溶液 0，0.10，0.30，0.50，0.70，1.00，3.00，5.00，7.00 和 10.00 mL，各加 1.0 mL 酚二磺酸，再加入 3.0 mL 浓氨水，用水稀释至刻度，摇

匀。用1 mL比色皿,以试剂空白作参比,于波长410 nm处测定吸光度,绘制标准曲线。

(六)样品测定

取50 mL样品,用1 cm比色皿,以水为参比,于410 nm波长测定标准管的吸光度,在标准曲线上查出样品管中硝酸盐氮的含量。

五、结果分析:

c(N)的计算公式如下:

$$c(\text{N})=\frac{m}{V}\times 1000$$

式中:c(N)——硝酸盐氮的质量浓度,mg/L;

m——从校准曲线上查得的硝酸盐氮量,mg;

V——水样体积,mL。

经去除氯离子的水样,按下式计算:

$$c(\text{N})=\frac{m}{V}\times 1000\times\frac{(V_1+V_2)}{V_1}$$

式中:c(N)——硝酸盐氮的质量浓度,mg/L;

m——从校准曲线上查得的硝酸盐氮量,mg;

V——分取水样体积,mL;

V_1——水样体积量,mL;

V_2——硫酸银溶液加入量,mL。

六、注意事项

1. 水中氯离子在强酸条件下与NO_3^-反应,生成NO或NOCl,使NO_3^-损失,结果偏低,因此必须除去Cl^-。用硫酸银除去氯离子时,如银离子过量,则在最后发色时生成的颜色不正常或变浑浊。

2. 如同时需除去带色物质,则可在加入硫酸银溶液并混匀后,再加入2 mL氢氧化铝悬浮液,充分振摇,放置片刻待沉淀后,过滤。

3. 亚硝酸盐的干扰:当亚硝酸盐氮含量超过0.2 mg/L时,可取100 mL水加1 mL 0.5 mol/L硫酸,混匀后,滴加高锰酸钾溶液至淡红色保持15 min不褪色为止。这样可使亚硝酸盐氧化为硝酸盐,最后从硝酸盐氮测定结果中减去亚硝酸盐氮量。

4. 如吸光度值超出校准曲线范围,可将显色溶液用水进行定量稀释,然后再测量吸光度,计算时乘以稀释倍数。

5. 当吸光度较低,水样亚硝酸盐浓度低于1 mg/L时,应考虑分取少量硝酸盐标准储备液。使分取的50.0 mL标准液浓度为0.20,0.40,0.80,1.00,1.20 mg/L的溶液,经蒸干、硝基化、显色等操作后,测量吸光度,绘制校准曲线。

七、思考题

1. 在亚硝酸盐氮分析过程中,水中的强氧化性物质会干扰测定,如何消除?

2. 如何通过测定三氮的含量来评价水体的自净程度？如水体中仅含有 NO_3^--N，而 NH_4^+ 和 NO_2^- 未检出，请问水体自净作用进行到什么阶段？如水体中既有大量的 NH_4^+-N，又有大量的 NO_3^--N，那么水体污染和自净状况又如何？

3. 在三氮测定时，要求蒸馏水不含 NH_4^+、NO_2^-、NO_3^-，如何检验？

实验九 水质总氮的测定——碱性过硫酸钾消解紫外分光光度法

大量生活污水、农田排水或含氮工业废水排入水体，水中有机氮和各种无机氮化合物含量增加，生物和微生物类大量繁殖，消耗水中溶解氧，使水体质量恶化。湖泊、水库中含有超标的氮、磷类物质时，浮游植物繁殖旺盛，出现富营养化状态。因此，总氮是衡量水质的重要指标之一。总氮是指水中亚硝酸盐氮、硝酸盐氮、无机铵盐、溶解态氨及大部分有机含氮化合物中氮的总和。

实验九 相关国标

一、实验目的

掌握分光光度法测定水中总氮的原理及方法。

二、实验原理

在60℃以上水溶液中，过硫酸钾可分解产生硫酸氢钾和原子态氧。硫酸氢钾在溶液中离解而产生氢离子，故在氢氧化钠的碱性介质中可促使分解过程趋于完全。

分解出的原子态氧在120～124 ℃条件下，可使水样中含氮化合物的氮元素转化为硝酸盐，在此过程中有机物同时被氧化分解。可见紫外分光光度法于波长220 nm和275 nm处，分别测出吸光度A_{220}及A_{275}，按下式求出校正吸光度A：

$$A = A_{220} - 2A_{275}$$。

按A的值查标准曲线并计算总氮（以$NO_3^- - N$计）含量。

三、仪器与试剂

（一）仪器

1. 紫外分光光度计及1 cm石英比色皿。

2. 医用手提式蒸气灭菌器或家用压力锅（压力为1.1～1.4 kg/cm^2），锅内温度相当于120～124 ℃。

3. 25 mL具玻璃磨口塞比色管。所用玻璃器皿可以用盐酸（1+9）或硫酸（1+35）浸泡，清洗后再用水冲洗数次。

（二）试剂

除另有说明外，分析时均使用符合国家标准或专业标准的分析纯试剂。

1. 无氨水

按下述方法之一制备：

（1）离子交换法：将蒸馏水通过一个强酸型阳离子交换树脂（氢型）柱，流出液收集在密封玻璃容器中。

（2）蒸馏法：在1000 mL蒸馏水中，加入0.10 mL硫酸（ρ=1.84 g/mL）。并在全玻璃蒸馏器中重蒸馏，弃去前50 mL馏出液，然后将馏出液收集在带有玻璃塞的玻璃瓶中。

2. 氢氧化钠溶液，200 g/L

称取 20 g 氢氧化钠（NaOH），溶于水中，稀释至 100 mL。

3. 氢氧化钠溶液，20 g/L

将（2）溶液稀释 10 倍。

4. 碱性过硫酸钾溶液

称取 40 g 过硫酸钾（$K_2S_2O_8$），另称取 15 g 氢氧化钠（NaOH），溶于水中，并稀释至 1000 mL，将溶液存放在聚乙烯瓶内，最长可贮存一周。

5. 盐酸溶液，盐酸（1+9）

6. 硝酸钾标准溶液

（1）硝酸钾标准贮备液，100 mg/L：称取 0.7218 g 硝酸钾在 105～110 ℃烘箱中干燥 3 h 且在干燥器中冷却后的硝酸钾（KNO_3），溶于水中，移至 1000 mL 容量瓶中，用水稀释至标线，在0～10 ℃暗处保存，或加入 1～2 mL 三氯甲烷保存，可稳定 6 个月。

（2）硝酸钾标准使用液，10 mg/L：将贮备液用水稀释 10 倍而得，使用时配制。

7. 硫酸溶液，盐酸（1+35）

四、实验步骤

（一）样品采样

在水样采集后立即放入冰箱中或低于 4 ℃的条件下保存，但不得超过 24 h。

水样放置时间较长时，可在 1000 mL 水样中加入约 0.5 mL 硫酸（ρ=1.84 g/mL），酸化到 pH 小于 2，并尽快测定。样品可贮存在玻璃瓶中。

（二）试样的制备

取水样用氢氧化钠溶液或硫酸溶液调节 pH 至 5～9，从而制得试样。

（三）样品测定

用移液管移取 10.00 mL 试样。c（N）超过 100 mg/L 时，可减少取样量并加水稀释至 10 mL 置于比色管中。

1. 试样不含悬浮物时，按下述步骤进行。

（1）加入 5 mL 碱性过硫酸钾溶液，塞紧磨口塞，用布及绳等方法扎紧瓶塞，以防弹出。

（2）将比色管置于医用手提蒸气灭菌器中，加热，使压力表指针到 1.1～1.4 kg/cm^2，温度达 120～124 ℃后开始计时。或将比色管置于家用压力锅中，加热至顶压阀吹气时开始计时。保持此温度加热半小时。

（3）冷却、开阀放气，移去外盖，取出比色管并冷至室温。

（4）加盐酸（1+9）1 mL，用无氨水稀释至 25 mL 标线，混匀。

（5）移取部分溶液至 1 cm 石英比色皿中，在紫外分光光度计上，以无氨水作参比，分别在波长为 220 nm 与 275 nm 处测定吸光度，并用公式计算出校正吸光度 A。

2. 试样含悬浮物时，先按上述 1. 中(1)至(4)步骤进行，然后待澄清后移取上清液到石英比色皿中。再按上述 1. 中(5)步骤继续进行测定。

(四)空白试验

空白试验以 10 mL 水代替水样，采用与测定完全相同的试剂、用量和分析步骤进行平行操作。

注：当测定在接近检测限时，必须控制空白试验的吸光度 A 不超过 0.03。超过此值，要检查所用水、试剂、器皿和家用压力锅或医用手提灭菌器的压力。

(五)标准曲线制作

1. 用刻度吸管向一组(8 支)比色管中，分别加入硝酸钾标准使用溶液 0.00，0.20，0.50，1.00，3.00，5.00，7.00，10.00 mL。加水稀释至 10.00 mL。

2. 按上述中 a 至 e 步骤进行测定。

3. 零浓度(空白)溶液和其他硝酸钾标准使用溶液制得的校准系列完成全部分析步骤，于波长 220 nm 和 275 nm 处测定吸光度后，分别按下式求出除零浓度外其他校准系列的校正吸光度 Aa 和零浓度的校正吸光度 Ab 及其差值 At。

$$Aa = Aa_{220} - 2\,Aa_{275}$$

$$Ab = Ab_{220} - 2\,Ab_{275}$$

$$At = Aa - Ab$$

式中：Aa_{220}——标准溶液在 220 nm 波长的吸光度；

Aa_{275}——标准溶液在 275 nm 波长的吸光度；

Ab_{220}——零浓度(空白)溶液在 220 nm 波长的吸光度；

Ab_{275}——零浓度(空白)溶液在 275 nm 波长的吸光度。

按 At 值与相应的 $NO_3^- - N$ 含量(μg)绘制校准曲线。

五、结果分析

计算得试样校正吸光度 A，在校准曲线上查出相应的总氮 μg 数，总氮含量 $c(N)$(mg/L)按下式计算：

$$c(N) = \frac{m}{V}$$

式中：m——试样测出含氮量，μg；

V——测定用试样体积，mL。

六、注意事项

1. 所使用的玻璃器皿应先用盐酸(1+9)浸泡后，再用无氨水冲洗数次才能使用。否则，也会造成空白值偏高或平行性较差的情况。

2. 该项目的测定涉及两个波长(220 nm 和 275 nm)，建议在测定完一组样品的同一波长后，再调整到另一波长，统一测定，不要测完一个样品的两个吸光度后再换另一个样品，反复调整波长会引起一定的测量误差。

3. 实验中使用优级纯试剂，尽量降低试剂中的含氮量，从而降低实验空白值。

七、思考题

1. 测定中引起空白值偏高的主要因子是什么？如何避免？
2. 标准曲线自回归系数较差的原因是什么？

实验十　水质总磷的测定——钼酸铵分光光度法

在天然水和废水中，磷主要以正磷酸盐，缩合磷酸盐（焦磷酸盐、偏磷酸盐和多磷酸盐）和有机结合态磷（如磷脂等）等磷酸盐形式存在的。磷是生物生长必需的元素之一，但水体磷含量过高（如超过 0.2 mg/L），可造成藻类的过度繁殖，产生水体富营养化，造成湖泊，河流透明度降低，水质变坏。磷是评价水质的重要指标，一般天然水中的磷酸盐含量不高，而化肥、冶炼、合成洗涤剂等行业的工业废水及生活污水中常含有较多磷。水样不经过滤，消解后测得的是总磷浓度；水样经 0.45 μm 滤膜过滤后测得的是可溶性正磷酸盐的浓度；消解后测得的是可溶性总磷酸盐浓度。

实验十 相关国标

一、实验目的

1. 掌握钼锑抗分光光度法测定水体中总磷含量的原理和方法。
2. 会用总磷含量来评价水体的营养状况。

二、实验原理

在酸性条件下，水中各种形态的磷用硝酸-硫酸消解为正磷酸盐。在酸性介质下，正磷酸盐与钼酸铵、酒石酸钾钠反应，生成磷钼杂多酸，被还原剂抗坏血酸还原，生成蓝色络合物，称为磷钼蓝，在 700 nm 和 880 nm 处有最大吸收峰，其吸光度与水中磷的浓度成正比。

三、仪器与试剂

（一）仪器

1. 可调温电炉或电热板。
2. 125 mL 凯氏烧瓶。
3. 50 mL、100 mL 容量瓶；50 mL 比色管。

（二）试剂

1. 硝酸（ρ＝1.4 g/mL）；（1＋1）硫酸 H_2SO_4；硫酸（$1/2H_2SO_4$）：1 mol/L。

2. 氢氧化钠 NaOH 溶液

溶液浓度 1 mol/L，6 mol/L。

3. 1％酚酞

将 1 g 酚酞溶于 90 mL 乙醇中，加水至 100 mL。

4. 10％抗坏血酸溶液

溶解 10 g 抗坏血酸于水中，并稀释至 100 mL，转入棕色试剂瓶，在 4 ℃保存，可稳定几周。如颜色变黄，则弃去不用。

5. 钼酸盐溶液

（1）钼酸铵溶液：溶解 13 g 钼酸铵 $(NH_4)_6Mo_7O_{24}\cdot 4H_2O$ 于 100 mL 水中，用塑料瓶在

4 ℃保存。

(2)酒石酸锑氧钾溶液:溶解 0.35 g 酒石酸锑氧钾 $K(SbO)C_4H_4O_6 \cdot 1/2H_2O$ 于 100 mL 水中,用棕色瓶在 4 ℃时保存。

在不断搅拌下,将钼酸铵溶液徐徐加到 300 mL(1+1)硫酸中,加酒石酸锑钾溶液,混匀,贮存在棕色的玻璃瓶中,在 4 ℃下保存,至少可稳定两个月。

(3)磷酸盐贮备液(1 mg/mL 磷):称取 0.2197 g 磷酸二氢钾 KH_2PO_4(110 ℃干燥 2 h,在干燥器内放冷)溶解后转入 1000 mL 容量瓶中,加 5 mL(1+1)硫酸,加水稀释至标线,即得 50 μg/mL 磷溶液。

(4)磷酸盐标准溶液:吸取 5.00 mL 贮备液于 100 mL 容量瓶中,用水稀释至标线,得磷含量为 5.0 μg/mL 的标准溶液。临用时现配。

四、实验步骤

(一)水样预处理

吸取 25 mL 水样置于 125 mL 凯氏烧瓶中,加数粒玻璃珠,加 2 mL(1+1)硫酸及 2~5 mL 硝酸,在可调温电炉或电热板上加热至冒白烟,如液体尚未澄清透明,放冷后,加 5 mL 硝酸,再加热至冒白烟,获得透明液体。放冷,加水 30 mL,煮沸 5 min,放冷,加 1 滴酚酞,滴加氢氧化钠溶液至刚呈微红色,再滴加 1 mol/L 硫酸溶液使粉红色正好褪去,充分混匀,转入 50 mL 比色管中。如溶液混浊,则用滤纸过滤,并用水洗凯氏烧瓶和滤纸,一并移入比色管中,加水稀释至标线,供分析用。

(二)标准曲线绘制

取 7 支 50 mL 比色管,分别加入磷酸盐标准溶液 0.00,0.50,1.00,2.00,3.00,4.00,5.00 mL 于 50 mL 比色管中,加水稀释至刻度,摇匀,加入 1.0 mL 10%抗坏血酸溶液,再摇匀,30 s 后加 2 mL 钼酸盐溶液,充分混匀,放置 15 min 后,用 1 cm 比色皿,于 700 nm 波长处,以 0 浓度溶液为参比,在可见分光光度计上测量吸光度,并绘制标准曲线。

(三)样品测定

取 50 mL 处理后的水样至 50 mL 比色管中,加入 1.0 mL 10%抗坏血酸溶液,摇匀,30 s 后加 2 mL 钼酸盐溶液,充分混匀,放置 15 min 后,用 1 cm 比色皿,以试剂空白作参比,测定 700 nm 处的吸光度。

五、结果分析

由标准曲线查得磷的含量,按下式计算水体中磷的含量:

$$磷酸盐(P,mg/L) = m/V$$

式中:m ——由标准曲线上查得磷含量,μg;

V ——测定时吸取水样的体积,mL。

六、注意事项

1. 试样中的色度影响测量吸光度时,需做补偿校正。在 50 mL 比色管中,分取与样品测定相同量的水样，定容后加入 3 mL 浊度补偿液，测定吸光度，然后从水样的吸光度中减去校正吸光度。

2. 室温低于 13 ℃时，可在 20～30 ℃水浴中显色 15 min。

3. 操作所用的玻璃器皿，可用(1＋5)盐酸浸泡 2 h，或用不含磷酸盐的洗涤剂刷洗。

4. 比色皿用后应以稀硝酸或铬酸洗液浸泡片刻，以除去吸附的钼蓝有色物。

七、思考题

1. 水体中磷的存在形式有哪些？对水体有哪些影响？

2. 分析显色温度和时间对显色的影响，如何控制？

实验十一　水质化学需氧量的测定——重铬酸盐法

化学需氧量(COD)是指在强酸性溶液中,用重铬酸钾作为氧化剂氧化水中有机物等还原性物质时所消耗氧化剂的量,单位为 mg/L。化学需氧量反映了水受还原性物质污染的程度。水中还原性物质包括有机物、亚硝酸盐、亚铁盐、硫化物等。水被有机物污染的情况很普遍,因此,化学需氧量也作为有机物的相对含量的指标之一,COD_{Cr}是我国实施有机物排放总量控制的指标之一。水样的化学需氧量,可因加入氧化剂的种类及浓度,反应物的酸度,反应温度和时间,以及催化剂的有无而不同。因此,化学需氧量亦是一个条件性指标,必须严格按照操作步骤进行测定。

我国规定用重铬酸钾法,测水质化学需氧量。国外也有用高锰酸钾、臭氧、羟基作为氧化剂的方法体系。如果使用,必须与重铬酸钾法做对照实验,做出相关系数,于重铬酸钾法上报监测数据。测定化学需氧量的水样,应放置在玻璃瓶中,并尽快分析。如需保存,应加入硫酸至 pH<2,在 4 ℃下保存,但保存时间不长于 5 d。采集水样的体积不得少于 100 mL。

一、实验目的

1. 掌握用重铬酸钾法测定水中 COD_{Cr}的原理和方法。
2. 学会分析水中化学需氧量 COD_{Cr}和高锰酸盐指数的异同点。
3. 进一步了解氧化还原滴定的基本原理。

实验十一
相关国标

二、实验原理

重铬酸钾法的测定原理:在强酸性溶液中,准确加入已知量的重铬酸钾标准溶液,加热回流,将水样中还原性物质(主要是有机物)氧化,过量的重铬酸钾以试亚铁灵作指示剂,用硫酸亚铁铵标准溶液回滴,根据所消耗的重铬酸钾标准溶液量计算水样的化学需氧量。

三、仪器与试剂

(一)仪器

1. 回流装置

带 250 mL 锥形瓶的全玻璃回流装置(如取样量在 30 mL 以上,采用 500 mL 锥形瓶的全玻璃回流装置)。

2. 加热装置,变阻电炉。

3. 25,50 mL 酸式滴定管;500 mL 锥形瓶、移液管、容量瓶等。

(二)试剂

1. 重铬酸钾标准溶液[$c(1/6\ K_2Cr_2O_7)=0.2500$ mol/L]

称取预先在 120 ℃烘干 2 h 的基准或优质纯重铬酸钾 12.258 g,溶于水中,移入 1000

mL 容量瓶,稀释至标线,摇匀。

2. 试亚铁灵指示液

称取 1.458 g 邻菲啰啉($C_{12}H_8N_2 \cdot H_2O$)、0.695 g $FeSO_4 \cdot 7H_2O$ 溶于水中,稀释至 100 mL,贮于棕色瓶内。

3. 硫酸亚铁铵标准溶液[$c(NH_4)_2Fe(SO_4)_2 \cdot 6H_2O \approx 0.1$ mol/L]

称取 39.5 g 硫酸亚铁铵溶于水中,边搅拌边缓慢加入 20 mL 浓硫酸,冷却后移入 1000 mL 容量瓶中,加水稀释至标线,摇匀。临用前,用重铬酸钾标准溶液标定。

标定方法:准确吸取 10.00 mL 重铬酸钾标准溶液于 500 mL 锥形瓶中,加水稀释至 110 mL 左右,缓慢加入 30 mL 浓硫酸,混匀。冷却后,加入 3 滴试亚铁灵指示液(约 0.15 mL),用硫酸亚铁铵溶液滴定,溶液的颜色由黄色经蓝绿色至红褐色即为终点。

$$c = 0.2500 \times 10.00 / V$$

式中:c ——硫酸亚铁铵标准溶液的浓度,mol/L;

V ——硫酸亚铁铵标准溶液的用量,mL。

4. 硫酸-硫酸银溶液

于 500 mL 浓硫酸中加入 5 g 硫酸银。放置 1~2 d,不时摇动使其溶解。

5. 硫酸汞

结晶或粉末。

四、实验步骤

1. 取 20.00 mL 混合均匀的水样(或适量水样稀释至 20.00 mL),置于 250 mL 磨口的回流锥形瓶中,准确加入 10.00 mL 重铬酸钾标准溶液及数粒小玻璃珠或沸石,连接磨口的回流冷凝管,从冷凝管上口慢慢地加入 30 mL 硫酸-硫酸银溶液,轻轻摇动锥形瓶使溶液混匀,加热回流 2 h(自开始沸腾时计时)。

对于化学需氧量高的废水样,可先取上述操作所需体积 1/10 的废水样和试剂于 15×150 mm 硬质玻璃试管中,摇匀,加热后观察是否成绿色。如溶液显绿色,再适当减少废水取样量,直至溶液不变绿色为止,从而确定废水样分析时应取用的体积。稀释时,所取废水样量不得少于 5 mL,如果化学需氧量很高,则废水样应多次稀释。废水中氯离子含量超过 30 mg/L 时,应先把 0.4 g 硫酸汞加入回流锥形瓶中,再加 20.00 mL 废水(或适量废水稀释至 20.00mL),摇匀。以下操作同上。

2. 冷却后,用 90 mL 水从上部慢慢冲洗冷凝管壁,取下锥形瓶。溶液总体积不得少于 140 mL,否则酸度太大,滴定终点会不明显。

3. 溶液再度冷却后,加 3 滴试亚铁灵指示液,用硫酸亚铁铵标准溶液滴定,溶液的颜色由黄色经蓝绿色至红褐色即为终点,记录硫酸亚铁铵标准溶液的用量。

4. 测定水样的同时,取 20.00 mL 重蒸馏水,按同样的操作步骤做空白试验。记录测定空白时硫酸亚铁铵标准溶液的用量。

五、结果分析

COD_{Cr}的计算公式如下:

$$COD_{Cr}=\frac{(V_0-V_1)\times c\times 8\times 1000}{V}$$

式中：c——硫酸亚铁铵标准溶液的浓度，mol/L；

V_0——滴定空白时硫酸亚铁铵标准溶液的用量，mL；

V_1——滴定水样时硫酸亚铁铵标准溶液的用量，mL；

V——水样的体积，mL；

8——氧(1/2 O)摩尔质量，g/mol。

六、注意事项

1. 使用 0.4 g 硫酸汞络合氯离子的最高量可达 40 mg，如取用 20.00 mL 水样，即最高可络合 2000 mg/L 氯离子浓度的水样。若氯离子的浓度较低，也可少加硫酸汞，使硫酸汞∶氯离子＝10∶1(质量比)。若出现少量氯化汞沉淀，并不影响测定。

2. 对于化学需氧量小于 50 mg/L 的水样，应改用 0.0250 mol/L 的重铬酸钾标准溶液。回滴时用 0.01 mol/L 的硫酸亚铁铵标准溶液。

3. 水样加热回流后，溶液中重铬酸钾剩余量应以加入量的 1/5～4/5 为宜。

4. 回流冷凝管不能用软质乳胶管，否则容易老化、变形、冷却水不通畅。

七、思考题

1. 测定水样的耗氧量时，是否一定要加入硫酸银？

2. 什么样的情况下，才能加入硫酸汞？

3. 测定水样时，为什么需要做空白校正？

4. 构成水体 COD_{Cr} 的物质有哪些？实验中主要的干扰物质有哪些？应采取哪些措施来消除它们的干扰？

实验十二　水质五日生化需氧量(BOD_5)的测定——稀释接种法

生活污水与工业废水中含有大量有机物,当其污染水域后,这些有机物在水体中分解时要消耗大量溶解氧,从而破坏水体中氧的平衡,使水质恶化,造成鱼类及其他水生生物因缺氧而死亡。这样的污染事故在我国时有发生。水体中所含的有机物成分复杂,难以一一测定其成分。人们常常利用水中有机物在一定条件下所消耗的氧来间接表示水体中有机物的含量,生化需氧量即属于这类重要指标之一。

测定 BOD_5 的方法有稀释接种法、微生物传感器法、活性污泥曝气降解法、库仑滴定法、测压法等。本实验采用稀释接种法测定污水的 BOD_5。测定生化需氧量的水样,采集时应充满并密封于瓶中,在 0～4 ℃进行保存。一般应在 6 h 内进行分析。若需要远距离转运,在任何情况下,贮存时间不应超过 24 h。

一、实验目的

1. 掌握 BOD_5 测定的意义及稀释法测 BOD_5 的基本原理。

2. 掌握本方法操作技能,如稀释水的制备、稀释倍数的选择、稀释水的校核和溶解氧的测定等。

二、实验原理

生化需氧量是指在规定条件下,微生物分解存在于水中的某些可氧化物质(特别是有机物)过程中所消耗溶解氧的量。生物氧化全过程进行的时间很长,如在 20 ℃培养时,完成此过程需二十多天。目前,国内外普遍规定于 20±1 ℃培养 5 d,分别测定样品培养前后的溶解氧,二者之差即为 BOD_5 值,单位为 mg/L。

对某些地表水及大多数工业废水,因含较多的有机物,需要稀释后再培养测定,以降低其浓度和保证有充足的溶解氧。稀释的程度应使培养中所消耗的溶解氧大于 2 mg/L,而剩余溶解氧在 1 mg/L 以上。为了保证水样稀释后有足够的溶解氧,稀释水通常要通入空气(或通入氧气)进行曝气,以便使稀释水中溶解氧接近饱和。稀释水中还应加入一定量的无机营养盐和缓冲物质(磷酸盐、钙、镁和铁盐等),以保证微生物生长的需要。对于不含或少含微生物的工业废水(包括酸性废水、碱性废水、高温废水或经过氯化处理的废水),在测定 BOD_5 时应进行接种,以引入能分解废水中有机物的微生物。当废水中存在难于被一般生活污水中的微生物以正常速度降解的有机物或含有剧毒物质时,应将驯化后的微生物引入水样中进行接种。

本方法适用于测定 BOD_5 大于或等于 2 mg/L,最大不超过 6000 mg/L 的水样。当水样 BOD_5 大于 6000 mg/L 时,会因稀释引起一定的误差。

实验十二
相关国标

三、仪器与试剂

(一)仪器

1. 恒温培养箱。

2.5～20 L细口玻璃瓶。

3.1000～2000 mL量筒。

4.玻璃搅拌棒

棒长应比所用量筒高度长20 cm，棒的底端固定一个直径比量筒直径略小，并有几个小孔的硬橡胶板。

5.溶解氧瓶

200～300 mL，带有磨口玻璃塞，并具有供水封用的钟形口。

6.虹吸管

供分取水样和添加稀释水用。

(二)试剂

1.磷酸盐缓冲溶液

将8.58 g磷酸二氢钾(KH_2PO_4)、21.75 g磷酸氢二钾(K_2HPO_4)、33.4 g $Na_2HPO_4\cdot 7H_2O$和1.7 g氯化铵(NH_4Cl)溶于水中，稀释至1000 mL。此溶液的pH应为7.2。

2.硫酸镁溶液

将22.5 g $MgSO_4\cdot 7H_2O$溶于水中，稀释至1000 mL。

3.氯化钙溶液

将27.5 g无水氯化钙溶于水，稀释至1000 mL。

4.氯化铁溶液

将0.25 g $FeCl_3\cdot 6H_2O$溶于水，稀释至1000 mL。

5.盐酸溶液(0.5 mol/L)

将40 mL(ρ=1.18 g/mL)盐酸溶于水，稀释至1000 mL。

6.氢氧化钠溶液(0.5 mol/L)

将20 g氢氧化钠溶于水，稀释至1000 mL。

7.亚硫酸钠溶液(1/2 Na_2SO_3=0.025 mol/L)

将1.575 g亚硫酸钠溶于水，稀释至1000 mL。此溶液不稳定，需每天配制。

8.葡萄糖-谷氨酸标准溶液

将葡萄糖($C_6H_{12}O_6$)和谷氨酸($HOOC-CH_2-CH_2-CHNH_2-COOH$)在103 ℃干燥1 h后，各称取150 mg溶于水中，移入1000 mL容量瓶内并稀释至标线，混合均匀。此标准溶液临用前配制。

9.稀释水

在5～20 L玻璃瓶内装入一定量的水，控制水温在20 ℃左右。然后用无油空气压缩机或薄膜泵，将此水曝气2～8 h，使水中的溶解氧接近饱和，也可以鼓入适量纯氧。瓶口盖以两层经洗涤晾干的纱布，置于20 ℃培养箱中放置数小时，使水中溶解氧含量达8 mg/L左右。临用前于每升水中加入氯化钙溶液、氯化铁溶液、硫酸镁溶液、磷酸盐缓冲溶液各1

mL，并混合均匀。稀释水的 pH 应为 7.2，其 BOD_5 应小于 0.2 mg/L。

10. 接种液

可选用以下任一方法获得适用的接种液。

(1)城市污水，一般采用生活污水，在室温下放置一昼夜，取上层清液供用。

(2)表层土壤浸出液，取 100 g 花园土壤或植物生长土壤，加入 1 L 水，混合并静置 10 min，取上层清液供用。

(3)用含城市污水的河水或湖水。

(4)污水处理厂的出水。

(5)当分析废水含有难以降解物质时，在排污口下游 3～8 km 处取水样作为废水的驯化接种液。如无此种水源，可取中和或经适当稀释后的废水进行连续曝气，每天加入少量该种废水，同时加入适量表层土壤或生活污水，使能适应该种废水的微生物大量繁殖。当水中出现大量絮状物，或检查到其化学需氧量的降低值出现突变时，表明适应的微生物已进行繁殖，可用作接种液。一般驯化过程需要 3～8 d。

11. 接种稀释水

取适量接种液，加于稀释水中，混匀。

每升稀释水中接种液加入量为：生活污水 1～10 mL；表层土壤浸出液为 20～30 mL；河水、湖水为 10～100 mL。接种稀释水的 pH 应为 7.2，BOD_5 值以在 0.3～1.0 mg/L 为宜。接种稀释水配制后应立即使用。

四、实验步骤

(一)水样的预处理

1. 水样的 pH 若超出 6.5～7.5 时，可用盐酸或氢氧化钠稀溶液调节至近于 7，但用量不要超过水样体积的 0.5%。若水样的酸度或碱度很高，可改用高浓度的碱或酸液进行中和。

2. 水样中含有铜、铅、锌、镉、铬、砷、氰等有毒物质时，可用经驯化的微生物接种液的稀释水进行稀释，或提高稀释倍数，降低毒物的浓度。

3. 含有少量游离氯的水样，一般放置 1～2 h，游离氯即可消失。对于游离氯在短时间不能消散的水样，可加入亚硫酸钠溶液，以除去之。其加入量的计算方法是：取中和好的水样 100 mL，加入 1+1 乙酸 10 mL，10%(m/V)碘化钾溶液 1 mL，混匀。以淀粉溶液为指示剂，用亚硫酸钠标准溶液滴定游离碘。根据亚硫酸钠标准溶液消耗的体积及其浓度，计算水样中所需加亚硫酸钠溶液的量。

4. 从水温较低水域或富营养化的湖泊采集的水样，可能含有过饱和溶解氧，此时，应将水样迅速升温至 20 ℃左右，充分振摇，以赶出过饱和的溶解氧。从水温较高水域的废水排放口取得的水样，则应迅速冷却至 20 ℃左右，并充分振摇，使其与空气中氧分压接近平衡。

(二)水样的测定

1. 不经稀释水样的测定：溶解氧含量较高、有机物含量较少的地表水，可不经稀释，而直接以虹吸法将约 20 ℃的混匀水样转移至两个溶解氧瓶内，转移过程中应注意不使其产生气泡。以同样的操作使两个溶解氧瓶充满水样后溢出少许，加塞水封。瓶内不应有气泡。立即测定其中一瓶溶解氧。将另一瓶放入培养箱中，在 20±1 ℃培养 5 d 后，测其溶解氧。

2. 需经稀释水样的测定：根据实践经验，稀释倍数用下述方法计算。地表水由测得的高锰酸盐指数乘以适当的系数求得(表 2-1)。

表 2-1　高锰酸钾指数对应的系数

高锰酸盐指数/(mg/L)	系数	高锰酸盐指数/(mg/L)	系数
<5	—	10～20	0.4,0.6
5～10	0.2,0.3	>20	0.5,0.7,1.0

工业废水可由重铬酸钾法测得的 COD_{Cr}值确定，通常需做三个稀释比例，即使用稀释水时，由 COD_{Cr}值分别乘以系数 0.075，0.15，0.225，即获得三个稀释倍数；使用接种稀释水时，则分别乘以 0.075，0.15 和 0.25，获得三个稀释倍数。

COD_{Cr}值可在测定水样 COD_{Cr}过程中，加热回流至 60 min 时，用校核试验的邻苯二甲酸氢钾溶液按 COD_{Cr}测定相同步骤制备的标准色列进行估测。

稀释倍数确定后按下列方法之一测定水样。

(1)一般稀释法：按照选定的稀释比例，用虹吸法沿筒壁先引入部分稀释水(或接种稀释水)于 1000 mL 量筒中，加入需要量的均匀水样，再引入稀释水(或接种稀释水)至 800 mL，用带胶板的玻璃棒小心地上下搅匀。搅拌时勿使搅棒的胶板露出水面，防止产生气泡。

按不经稀释水样的测定步骤，进行装瓶，测定当天溶解氧和培养 5 d 后的溶解氧含量。

另取两个溶解氧瓶，用虹吸法装满稀释水(或接种稀释水)作为空白组，分别测定 5 d 前、后的溶解氧含量。

(2)直接稀释法：直接稀释法是在溶解氧瓶内直接稀释。在已知两个容积相同(其差小于 1 mL)的溶解氧瓶内，用虹吸法加入部分稀释水(或接种稀释水)，再加入根据瓶容积和稀释比例计算出的水样量，然后引入稀释水(或接种稀释水)至刚好充满，加塞，勿留气泡于瓶内。其余操作与上述稀释法相同。

在 BOD_5 测定中，一般采用叠氮化钠修正法测定溶解氧。如遇干扰物质，应根据具体情况采用其他测定法。

五、结果分析

不经稀释直接培养的水样：

$$BOD_5(mg/L)=c_1-c_2$$

式中：c_1 ——水样在培养前的溶解氧浓度，mg/L；

c_2 ——水样经 5 d 培养后，剩余溶解氧浓度，mg/L。

经稀释后培养的水样：

$$BOD_5(mg/L)=[(c_1-c_2)-(B_1-B_2)]\times\frac{f_1}{f_2}$$

式中：B_1 ——稀释水(或接种稀释水)在培养前的溶解氧浓度，mg/L；

B_2 ——稀释水(或接种稀释水)在培养后的溶解氧浓度，mg/L；

f_1——稀释水(或接种稀释水)在培养液中所占比例;

f_2——水样在培养液中所占比例。

六、注意事项

1. 水中有机物的生物氧化过程分为碳化阶段和硝化阶段,测定一般水样的 BOD_5 时,硝化阶段不明显或根本不发生,但对于生物处理池的出水,因其中含有大量硝化细菌,在测定 BOD_5 时也包括了部分含氮化合物的需氧量。对于这种水样,如只需测定有机物的需氧量,应加入硝化抑制剂,如丙烯基硫脲(ATU,$C_4H_8N_2S$)等。

2. 在两个或三个稀释比的样品中,凡消耗溶解氧大于 2 mg/L 和剩余溶解氧大于 1 mg/L都有效,计算结果时,应取平均值。

3. 为检查稀释水和接种液的质量,以及化验人员的操作技术,可将 20 mL 葡萄糖-谷氨酸标准溶液用接种稀释水稀释至1000 mL,测其 BOD_5,其结果应在 180~230 mg/L。否则,应检查接种液、稀释水或操作技术是否存在问题。

4. 水样稀释倍数超过 100 倍时,应预先在容量瓶中用水初步稀释后,再取适量进行最后的稀释培养。

七、思考题

1. 水中生化需氧量的测定为什么用五日生化需氧量来表示?

2. 废水水样在培养过程中有何条件? 为什么?

3. 如不用虹吸法移取水样,会产生什么影响?

实验十三　水质总有机碳的测定——燃烧氧化-非分散红外吸收法

总有机碳(TOC)是指溶解或悬浮在水中有机物的含碳量(以质量浓度表示),是以含碳量表示水体中有机物总量的综合指标。在测定水中的碳化物时,以钴(Co)作触媒,在950 ℃的条件下燃烧,燃烧时产生的CO_2,用非分散型红外线气体分析仪测定。其间将无机碳酸盐在150 ℃的低温条件下燃烧,测出其产生CO_2的量。从总碳中减去此CO_2量后,就为有机碳的测定值。TOC的测定一般采用燃烧法,此法能将水样中有机物全部氧化,可以很直接地用来表示有机物的总量。因而它被作为评价水体中有机物污染程度的一项重要参考指标。

近些年,国内外已研制成各种类型的TOC分析仪。按工作原理不同,可分为燃烧氧化-非分散红外吸收法、电导法、气相色谱法、湿法氧化-非分散红外吸收法等。其中燃烧氧化-非分散红外吸收法只需一次性转化,流程简单、重现性好、灵敏度高,这种TOC分析仪广为国内外所采用。燃烧氧化-非分散红外吸收法,按测定TOC值的不同原理又可分为差减法和直接法。

一、实验目的

实验十三
相关国标

1. 了解目前TOC分析仪的发展。
2. 掌握差减法测定TOC的工作原理和操作方法。

二、实验原理

(一)差减法测定总有机碳

将试样连同净化气体分别导入高温燃烧管和低温反应管中,经高温燃烧管的试样被高温催化氧化,其中的有机碳和无机碳均转化为CO_2,经低温反应管的试样被酸化后,其中的无机碳分解成CO_2,两种反应管中生成的CO_2分别被导入非分散红外检测器。在特定波长下,一定浓度范围内CO_2的红外线吸收强度与其浓度成正比,由此可对试样总碳(TC)和无机碳(IC)进行定量测定。总碳与无机碳的差值,即为总有机碳。

(二)直接法测定总有机碳

试样经酸化曝气,其中的无机碳转化为二氧化碳被去除,再将试样注入高温燃烧管中,可直接测定总有机碳。由于酸化曝气会损失可吹扫有机碳(POC),故测得的总有机碳值为不可吹扫有机碳(NPOC)。

三、仪器与试剂

(一)仪器

1. 非分散红外吸收TOC分析仪。
2. 一般实验室常用仪器。

(二)试剂

所用试剂除另有说明外,均应为符合国家标准的分析纯试剂。所用水均为无二氧化碳水。

1. 无二氧化碳水

将重蒸馏水在烧杯中煮沸蒸发(蒸发量10%),冷却后备用。也可使用纯水机制备的纯水或超纯水。无二氧化碳水应临用现制,并经检验TOC浓度不超过0.5 mg/L。

2. 浓硫酸:$\rho(H_2SO_4)=1.84$ g/mL。

3. 邻苯二甲酸氢钾($KHC_8H_4O_4$)、无水碳酸钠(Na_2CO_3)、碳酸氢钠($NaHCO_3$),均为优级纯。

4. 氢氧化钠溶液,$\rho(NaOH)=10$ g/L。

5. 有机碳标准贮备液

ρ(有机碳,C)=400 mg/L。准确称取邻苯二甲酸氢钾(预先在110~120 ℃下干燥至恒重)0.8502 g,置于烧杯中,加水溶解后,转移此溶液于1000 mL容量瓶中,用水稀释至标线,混匀。在4 ℃条件下可保存两个月。

6. 无机碳标准贮备液

ρ(无机碳,C)=400 mg/L。准确称取无水碳酸钠(预先在270 ℃下干燥至恒重)1.7634 g和碳酸氢钠(预先在干燥器内干燥)1.4000 g,置于烧杯中,加水溶解后,转移此溶液于1000 mL容量瓶中,用水稀释至标线,混匀。在4 ℃条件下可保存两周。

7. 差减法标准使用液

ρ(总碳,C)=200 mg/L,ρ(无机碳,C)=100 mg/L。用单标线吸量管分别吸取50.00 mL有机碳标准贮备液和无机碳标准贮备液于200 mL容量瓶中,用水稀释至标线,混匀。在4 ℃条件下贮存可稳定保存一周。

8. 直接法标准使用液

ρ(有机碳,C)=100 mg/L,用单标线吸量管吸取50.00 mL有机碳标准贮备液于200 mL容量瓶中,用水稀释至标线,混匀。在4 ℃条件下贮存可稳定保存一周。

9. 载气

氮气或氧气,纯度大于99.99%。

四、实验步骤

(一)水样采集

水样应采集在棕色玻璃瓶中并应充满采样瓶,不留顶空。水样采集后应在24 h内测定。否则应加入硫酸将水样酸化至pH≤2,在4 ℃条件下可保存7 d。

(二)仪器

按TOC分析仪说明书设定条件参数,进行调试。

不同仪器其使用方法不同，下面为 TOC—V CPH 的操作方法：

1. 开启载气，调节减压阀至 0.4—0.4 MPa；打开主机和计算机，进入 TOC-control V 系统，双击 Sample Table Editor。点击 New，出现的框内选择 Sample Run，确定进入。点击 connect，点击 operation setting send 使 TOC 与计算机连接。打开主机门，调节 pressure 旋钮，使压力表指示为 200 kPa，调节 carrier gas 旋钮，使流量表指示为 150 mL/min。

2. 等待大约 30 min，直到 TOC 门上的绿色灯亮，可以进行样品测定。

3. 点击 New 后，在对话框中选择 Calibration curve，点击下一步(Next)。

4. 在 cal. Type 中选择 Edit calibration points manually 和 Fixed standard solution/variable。在 Analysis 分析项中，选析 IC 或 TC，NPOC。Default Sample：输入样品名，Default Sample ID：输入 ID 号，calibration：选择 Linear Regression(线性回归)，Zero snift(零点偏移)：根据需要选择，在 File 栏中输入中文名，点击下一步(Next)。

5. 在 Unit 选择单位，在 No. of 输入进样次数，在 No. of washes 输入清洗次数，SD Max 和 CV Max 输入最大标准偏差和变异系数，点击下一步(Next)。

6. 点击 Add，输入高一点的标样浓度，再点击(2)，然后点击 Add，输入第二点的标样浓度，第三、四、五点以同样方法输入，点击下一步，直到完成。

7. 在 Insert 菜单中选 Calibration curve，然后选择文件名，打开，再点击 Start，进行测量。根据对话框提示，依次测量，至全部样品完成。

8. 在 File 菜单中，点 page setup，选择要打印的内容，点击 print preview，再点打印，就可进行报告打印。

9. 在 Instrument 菜单中选择 Standby，然后选择 Shut dowm power，点 Close，仪器 30 min 后自动关电源。

(三)校准曲线的绘制

1. 差减法校准曲线的绘制

在一组 7 个 100 mL 容量瓶中，分别加入 0.00，2.00，5.00，10.00，20.00，40.00，100.00 mL 差减法标准使用液，用水稀释至标线，混匀。配制成总碳浓度为 0.0，4.0，10.0，20.0，40.0，80.0，200.0 mg/L 和无机碳浓度为 0.0，2.0，5.0，10.0，20.0，40.0，100.0 mg/L 的标准系列溶液，按照样品测定的步骤测定其响应值。以标准系列溶液浓度对应仪器响应值，分别绘制总碳和无机碳校准曲线。

2. 直接法校准曲线的绘制

在一组 7 个 100 mL 容量瓶中，分别加入 0.00，2.00，5.00，10.00，20.00，40.00，100.00 mL 直接法标准使用液，用水稀释至标线，混匀。配制成有机碳浓度为 0.0，2.0，5.0，10.0，20.0，40.0，100.0 mg/L 的标准系列溶液，测定其响应值。以标准系列溶液浓度对应仪器响应值，绘制有机碳校准曲线。上述校准曲线浓度范围可根据仪器和测定样品种类的不同进行调整。

3. 空白试验

用无二氧化碳水代替试样，按照样品测定的步骤测定其响应值。每次试验应先检测无二氧化碳水的 TOC 含量，测定值应不超过 0.5 mg/L。

(四)样品测定

1. 差减法

经酸化的试样,在测定前应以氢氧化钠溶液中和至中性,取一定体积注入 TOC 分析仪进行测定,记录响应值。

2. 直接法

取一定体积酸化至 pH≤2 的试样,注入 TOC 分析仪,经曝气除去无机碳后导入高温氧化炉,记录响应值。

五、结果分析

(一)差减法

根据所测试样响应值,由校准曲线计算出总碳和无机碳浓度。试样中总有机碳浓度为:

$$\rho(\mathrm{TOC})=\rho(\mathrm{TC})-\rho(\mathrm{IC})$$

式中:ρ(TOC)——试样总有机碳浓度,mg/L;

ρ(TC)——试样总碳浓度,mg/L;

ρ(IC)——试样无机碳浓度,mg/L。

(二)直接法

根据所测试样响应值,由校准曲线计算出总有机碳的浓度 ρ(TOC)。

(三)结果表示

当测定结果小于 100 mg/L 时,保留到小数点后一位;大于等于 100 mg/L 时,保留三位有效数字。

六、注意事项

1. 水中常见共存离子超过下列浓度时:$c(SO_4^{2-})$ 400 mg/L、$c(Cl^-)$ 400 mg/L、$c(NO_3^-)$ 100 mg/L、$c(PO_4^{3-})$ 100 mg/L、$c(S^{2-})$ 100 mg/L,可用无二氧化碳水稀释水样,至上述共存离子浓度低于其干扰允许浓度后,再进行分析。

2. 每次试验前应检测无二氧化碳水的 TOC 含量,测定值应不超过 0.5 mg/L。

3. 每次试验应带一个曲线中间点进行校核,其相对误差应不超过 10%。

七、思考题

试比较 COD、BOD 与 TOC,说明三者之间的区别与联系。

实验十四　水质挥发酚的测定——4-氨基安替比林分光光度法

根据酚类能否与水蒸气一起蒸出，可将其分为挥发酚和不挥发酚。挥发酚通常是指沸点在 230 ℃以下的酚类，通常属一元酚。酚类为原生质毒物，属高毒物质，人体摄入一定量时，可出现急性中毒症状；长期饮用被酚污染的水，可出现头昏、出疹、瘙痒、贫血及各种神经系统症状。水中含低浓度(0.1～0.2 mg/L)酚类时，可使鱼肉有异味，高浓度(>5 mg/L)时则造成其中毒死亡。含酚浓度高的废水不宜用于农田灌溉，否则会使农作物枯死或减产。水中含微量酚类，在加氯消毒时，可产生特异的氯酚臭。酚类主要来自炼油、煤气洗涤、炼焦、造纸、合成氨、木材防腐和化工等废水。

酚类的分析方法较多，而各国普遍采用 4-氨基安替比林光度法，国际标准化组织颁布的测酚方法亦为此。当水样中挥发酚浓度低于 0.5 mg/L 时采用 4-氨基安替比林萃取光度法，浓度高于 0.5 mg/L 时采用 4-氨基安替比林直接光度法。高浓度含酚废水可采用溴化容量法，此法适用于车间排放口或未经处理的总排污口废水。

一、实验目的

实验十四相关国标

1. 学会水样的蒸馏预处理方法。
2. 学会用 4-氨基安替比林分光光度法测定污水中酚。

二、实验原理

用蒸馏法使挥发性酚类化合物蒸馏出来，并与干扰物质和固定剂分离。由于酚类化合物的挥发速度是随馏出液体积而变化的，所以，流出液体积必须与试样体积相等。

被蒸馏出的酚类化合物，于 pH 10.0±0.2 介质中，在铁氰化钾存在下，与 4-氨基安替比林反应，生成橙红色的吲哚酚安替比林染料，显色后，在 30 min 内，于 510 nm 波长处测定吸光度。

三、仪器与试剂

(一)仪器

1. 一般实验室常用仪器。
2. 分光光度计，具 510 nm 波长，并配有光程为 20 mm 的比色皿。

(二)试剂

实验用水应为无酚水。

1. 无酚水

于 1 L 水中加入 0.2 g 经 200 ℃活化 5 h 的活性炭粉末。充分振摇后，放置过夜。用双层中速滤纸过滤，或加氢氧化钠使水呈强碱性，并滴加高锰酸钾溶液至紫红色，移入蒸馏瓶中加热蒸馏，收集馏出液备用。

注：无酚水应贮存在水玻璃中，取用时应避免与橡胶制品(橡皮塞或乳胶管)接触。

2. 硫酸铜溶液

称取 50 g 硫酸铜($CuSO_4 \cdot 5H_2O$)溶于水，稀释至 500 mL。

3. 磷酸溶液

量取 50 mL 磷酸(ρ 20℃＝1.69 g/mL)，用水稀释至 500 mL。

4. 甲基橙指示液

称取 0.05 g 甲基橙溶于 100 mL 水中。

5. 苯酚标准贮备液

称取 1.00 g 无色苯酚(C_6H_5OH)溶于水，移入 1000 mL 容量瓶中，稀释至标线。至冰箱内保存，至少稳定一个月。

(三)标定方法

1. 吸 10.0 mL 酚贮备液于 250 mL 碘量瓶中，加水稀释至 100 mL，加 10.0 mL 0.1 mol/L 溴酸钾-溴化钾溶液，立即加入 5 mL 盐酸，盖好瓶塞，轻轻摇匀，于暗处放置 10 min。加入 1 g 碘化钾，密塞，再轻轻摇匀，放置暗处 5 min。用 0.0125 mol/L 硫代硫酸钠标准定溶液滴定至淡黄色，加入 1 mL 淀粉溶液，继续滴定至蓝色刚好褪去，记录滴定液用量 V_2 。

2. 同时以水代替苯酚贮备液作空白试验，记录硫代硫酸钠标准滴定溶液用量 V_1 。

3. 苯酚贮备液浓度由下式计算

$$\rho(苯酚)=\frac{(V_1-V_2)\times c\times 15.68}{V}$$

式中：ρ(苯酚)——苯酚储备液的浓度，mg/mL；

V_1 ——空白试验中硫代硫酸钠标准溶液滴定用量，mL；

V_2 ——滴定苯酚储备液时，硫代硫酸钠标准溶液滴定用量，mL；

V ——取用苯酚储备液体积，mL；

c ——硫代硫酸钠标准溶液浓度，mol/L；

15.68——1/6 苯酚摩尔质量，g/mol。

4. 苯酚标准中间液，取适量苯酚贮备液，用水稀释至每毫升含 0.010 mg 苯酚。使用时当天配制。

5. 溴酸钾-溴化钾标准溶液[c(1/6 $KBrO_3$)＝0.1 mol/L]，称取 2.784 g 溴酸钾($KBrO_3$)溶于水，加入 10 g 溴化钾(KBr)，使其溶解，移入 1000 mL 容量瓶中，稀释至标线。

6. 碘化钾标准溶液[c(1/6 KIO3)＝0.0125 mol/L]，称取预先经 180 ℃烘干的碘酸钾 0.4458 g 溶于水，移入 1000 mL 容量瓶中，稀释至标线。

7. 硫代硫酸钠标准溶液[$c(Na_2S_2O_3)$≈0.0125 mol/L]，称取 3.1 g 硫代硫酸钠溶于煮沸放冷的水中，加入 0.2 g 碳酸钠，稀释至 1000 mL，临用前，用碘酸钾溶液标定。

标定方法：取 10.00 mL 碘酸钾溶液置 250 mL 碘量瓶中，加水稀释至 1000 mL，加 1 g 碘化钾，再加 5 mL(1＋5)硫酸，加塞，轻轻摇匀。于暗处放置 5 min，用硫代硫酸钠溶液滴定至淡黄色，加 1 mL 淀粉溶液，继续滴定至蓝色刚褪去为止，记录硫代硫酸钠溶液用量。按下式计算硫代硫酸钠溶液浓度(mol/L)：

$$c(Na_2S_2O_3 \cdot 5H_2O) = \frac{0.0125 \times V_4}{V_3}$$

式中：V_3 —— 硫代硫酸钠溶液消耗量，mL；

V_4 —— 移取碘酸钾标准参考溶液量，mL；

0.0125——碘酸钾标准参考溶液浓度，mol/L。

8. 淀粉溶液，称取 1 g 可溶性淀粉，用少量水调成糊状，加沸水至 100 mL，冷后，置于冰箱内保存。

9. 缓冲溶液（pH 约为 10），称取 20 g 氯化铵（NH_4Cl）溶于 100 mL 氨水中，加塞，置于冰箱中保存。

注：应避免氨挥发所引起 pH 的改变，注意在低温下保存和取用后立即加塞盖严，并根据使用情况适量配制。

10. 2%（*m* / *V*）4-氨基安替比林溶液，称取 4-氨基安替比林（$C_{11}H_{13}N_3O$）2 g 溶于水，稀释至 100 mL，置于冰箱中保存。可使用一周。

注：固体试剂易潮解、氧化，宜保存在干燥器中。

11. 8%铁氰化钾溶液，称取 8 g 铁氰化钾{$K_3[Fe(CN)_6]$}溶于水，稀释至 100 mL。置于冰箱内可保存 1 周。

12. 硫酸亚铁（$FeSO_4 \cdot 7H_2O$）。

13. 乙醚（$C_4H_{10}O$）。

14. 三氯甲烷（$CHCl_3$）。

15. 精制苯酚，取苯酚（C_6H_5OH）于具有空气冷凝管的蒸馏瓶中，加热蒸馏，收集 182～184 ℃的馏出部分，馏分冷却后应为无色晶体，贮于棕色瓶中，于冷暗处密闭保存。

16. 氨水，$\rho(NH_3 \cdot H_2O) = 0.90$ g/mL。

17. 盐酸，$\rho(HCl) = 1.19$ g/mL。

18. 硫酸溶液（1+4），取 1 体积浓硫酸，在不断搅拌的条件下，缓慢加入 4 体积水中，摇匀，冷却。

19. 氢氧化钠溶液，$\rho(NaOH) = 100$ g/L。称取氢氧化钠 10 g 溶于水，稀释至 100 mL。

20. 酚标准使用液，$\rho(C_6H_5OH) = 1.00$ mg/L。量取 10.00 mL 酚标准中间液于 100 mL 容量瓶中，用水稀释至标线，配置后 2 h 内使用。

21. 淀粉-碘化钾试纸，称取 1.5 g 可溶性淀粉，用少量水搅成糊状，加入 200 mL 沸水，混匀，放冷，加 0.5 g 碳酸钠，用水稀释至 250 mL，将滤纸条浸渍后，取出晾干，盛于棕色瓶中，密塞保存。

22. 乙酸铅试纸，称取乙酸铅 5 g，溶于水中，并稀释至 100 mL。将滤纸条浸入上述溶液中，1 h 后取出晾干，盛于广口瓶中，密塞保存。

23. pH 试纸，1～14。

四、实验步骤

（一）水样预处理

1. 量取 250 mL 水样置蒸馏瓶中，加数粒小玻璃珠以防暴沸，再加两滴甲基橙指示液，用磷酸溶液调节至 pH 为 4(溶液呈橙红色),加 5.0 mL 硫酸铜溶液(如采样时已加过硫酸铜,则补加适量)。

如加入硫酸铜溶液后产生较多量的黑色硫化铜沉淀,则应摇匀后放置片刻,待沉淀后,再滴加硫酸铜溶液,至不再产生沉淀为止。

2. 连接冷却器,加热蒸馏,至蒸馏出馏出液约 225 mL 时,停止加热,放冷。向蒸馏瓶中加入 25 mL 水,继续蒸馏至馏出液为 250 mL 为止。

蒸馏过程中,如发现甲基橙的红色褪去,应在蒸馏结束后,再滴加 1 滴甲基橙指示液,如发现蒸馏后残液不显酸性,则应重新取样,增加磷酸加入量,进行蒸馏。

(二)标准曲线的绘制

于一组 8 支 50 mL 比色管中,分别加入 0,0.50,1.00,5.00,7.00,10.00,12.50 mL 酚标准中间液,加水至 50 mL 标线。加 0.5 mL 缓冲溶液,混匀,此时 pH 为 10.0±0.2,加 4-氨基替比林溶液 1.0 mL,混匀。再加 1.0 mL 铁氰化钾溶液,充分混匀后,放置 10 min 后立即于 510 nm 波长,用光程为 20 nm 比色皿,以水为参比,测量吸光度。经空白校正后,绘制吸光度对苯酚含量(mg)的标准曲线。

(三)水样的测定

分取适量的馏出液放入 50 mL 比色管中,稀释至 50 mL 标线。用与绘制标准曲线相同步骤测定吸光度,最后减去空白试验所得吸光度。

(四)空白试验

以蒸馏水代替水样,经蒸馏后,按水样测定步骤进行测定,以其结果作为水样测定的空白校正值。

五、结果分析

挥发酚的质量浓度(以苯酚计,mg/L)

$$\rho=\frac{(\mathrm{As}-\mathrm{Ab}-a)\times 1000}{b\times V}$$

式中:V ——移取馏出液体积,mL。

b ——校准曲线的斜率;

a ——校准曲线的截距值;

Ab——空白试验的吸光度值;

As——试样的吸光度值;

ρ ——试样中挥发酚的质量浓度,mg/L。

六、注意事项

如水样含挥发酚较多,移取适量水样并加蒸馏水至 250 mL 进行蒸馏,在计算时应乘以稀释倍数。

实验十五　氯苯类化合物的测定——气相色谱法

氯苯类化合物的主要污染来源是染料、制药、农药、油漆和有机合成等工业排放废水。氯苯类化合物物理化学性质稳定，不易分解，在水中溶解度小，易溶于有机溶剂。这类化合物具有强烈气味，对人体的皮肤、结膜和呼吸器官产生刺激，进入人体内有蓄积作用，抑制神经中枢，严重中毒时，会损害肝脏和肾脏。我国制定的地表水卫生标准中，一氯苯、二氯苯、三氯苯、四氯苯的最高允许浓度均为 0.02 mg/L，六氯苯为 0.05 mg/L。

采用气相色谱法分析氯苯类化合物，操作简便、快速，灵敏度和准确度均较高，可分别对样品中各个化合物进行定性和定量分析。采集的水样要尽快进行分析，短期贮存时，应置于 4 ℃冰箱内或加入 0.1%水样量的浓硫酸，保存期为 4 d。

一、实验目的

1. 掌握水中痕量有机物氯苯类化合物的富集方法。

2. 了解气相色谱仪的工作原理和使用方法，掌握水中氯苯类化合物的气相色谱测定方法。

二、实验原理

用石油醚萃取水中的氯苯类化合物（萃取液经浓硫酸洗涤净化，消除对待测化合物的干扰）用具电子捕获检测器的气相色谱仪进行测定。该检测器对于氯苯类化合物具有较高的响应值，适用于测定水和废水中的二氯苯、三氯苯、四氯苯、五氯苯和六氯苯。方法的检测限通常为五氯苯、六氯苯可测至 0.5 μg/L，二氯苯可测至 2～16 μg/L。

三、仪器与试剂

（一）仪器

1. 气相色谱仪，具电子捕获检测器。

2. 色谱柱，硬质玻璃，柱长 2 m，内径为 2～3 mm，内填 2%有机皂土＋2%DC-200/101 白色硅烷化担体，80～100 目。

3. 电动振荡机。

4. 分液漏斗（500 mL）。

实验十五
相关国标

（二）试剂

1. 石油醚

沸程 30～60 ℃。

2. 浓硫酸

优质纯，ρ_{20}＝1.84 g/mL。

3. 无水硫酸钠、氯化钠、异辛烷、苯，均为优级纯。

4. 氯苯类标准物质

对二氯苯、间二氯苯、邻二氯苯、1,2,3-三氯苯、1,2,4-三氯苯、1,3,5-三氯苯、1,2,3,4-四氯苯,1,2,3,5-四氯苯、1,2,4,5-四氯苯、五氯苯、六氯苯。

5. 氯苯类标准贮备液(1.00 mg/mL)

各化合物均取 100 mg 分别溶于异辛烷中,在容量瓶中稀释至 100 mL。难溶化合物可先用少量苯溶解。

6. 混合氯苯类化合物配制

对二氯苯(320.0 μg/L);间二氯苯(160 μg/L);1,3,5-三氯苯(80.0 μg/L);邻二氯苯(160 μg/L);1,2,4-三氯苯(80.0 μg/L);1,2,3,5-四氯苯(40.0 μg/L);1,2,4,5-四氯苯(80.0 μg/L);1,2,3-三氯苯(80.0 μg/L);1,2,3,4-四氯苯(40.0 μg/L);五氯苯(16.0 μg/L);六氯苯(20.0 μg/L)。

7. 2%硫酸钠溶液

20 g 硫酸钠溶于 1000 mL 纯水中。

四、实验步骤

(一)样品预处理

1. 准确量取 250 mL 水样,置于 500 mL 分液漏斗中,加入 5~7 g 氯化钠,使其溶解,再加入 20 mL 石油醚,振摇 1 min 左右(注意放气),然后置于电动振荡器上振荡 10 min,取下静置分层后,放出水层,萃取液供净化用。重复两次,合并有机相。

2. 在萃取液中加入 2~2.5 mL 浓硫酸,开始轻轻振摇,并不断放气。静置分层后,放出硫酸层,如上反复萃取净化,直至硫酸层清澈为止。加入 2%硫酸钠溶液 25 mL,振摇洗涤萃取液中残存硫酸,洗涤后静置分层,放出下部水层。石油醚萃取液通过盛有 5 g 左右无水硫酸钠层的漏斗脱水(漏斗下部用玻璃棉支托无水硫酸钠),最后用 5 mL 左右石油醚洗涤漏斗。脱水后的萃取液收集于容量瓶中,定容至 25 mL,供色谱分析。

(二)绘制校准曲线

以石油醚为溶剂用标准贮备液配制混合标准液,以峰高和浓度为坐标,绘制较准曲线,并确定线性范围。

(三)色谱测定

色谱条件:载气流速(高纯氮),60 mL/min,色谱柱温度:120 ℃;汽化室及检测器温度:150 ℃;进样量:5 μL。

(四)样品分析

取样品溶液进行色谱分析,记录各化合物的保留时间,如表 2-2 所示。

表 2-2　氯苯类化合物的保留时间和最低检测限

峰号	化合物	保留时间/min	最低检测限*/μg/L
1	对二氯苯	1.58	5
2	间二氯苯	2.27	3
3	1,3,5-三氯苯	3.09	1
4	邻二氯苯	5.08	2
5	1,2,4-三氯苯	5.56	1
6	1,2,3,5-四氯苯	9.33	1
7	1,2,4,5-四氯苯	10.02	2
8	1,2,3-三氯苯	14.25	1
9	1,2,3,4-四氯苯	21.27	1
10	五氯苯	28.04	0.5
11	六氯苯	51.04	0.5

*:按信噪比 2.5 倍计算。

五、结果分析

选择接近样品浓度的标准溶液,注入色谱仪,记录峰高,按下式计算:

$$c=\frac{A\times B\times V_t}{V_i\times V_s}$$

式中:c——水样中目标化合物含量,μg/L;

A——标准样品中目标化合物含量,ng/标准样品中目标化合物的峰高;

B——样品溶液中目标化合物的峰高;

V_i——注入的样品溶液体积,μL;

V_t——萃取液的体积,mL;

V_s——萃取水样体积,mL。

六、注意事项

1.在萃取液中出乳化时可加入 3～5 滴浓硫酸破乳。然后放于出水层再净化,出现严重乳化时,可采用冰冻破乳。

2.地表水中氯苯类化合物含量低,可将萃取液浓缩,以降低方法的检测限。

七、思考题

1.低浓度有机物样品的富集技术有哪些?

2.采用萃取法富集水中的有机污染物有什么优缺点?

实验十六　水质无机阴离子的测定——离子色谱法

降水中硫酸根主要来自气溶胶、颗粒物中可溶性硫酸盐及气态污染物二氧化硫被空气中的O_3、自由基及重金属氧化物催化氧化等而形成硫酸或硫酸盐。硫氧化物既有自然源，如火山爆发释放出SO_2，动植物残体分解释放出H_2S，进而氧化为SO_2，森林火灾等；又有人为污染源，如化石燃料燃烧产生的SO_2，化工生产排放出的SO_3，以及有色金属矿石焙烧排放大量SO_2等，其污染对降水酸化起着重要的作用，我国现阶段仍属煤烟型污染，酸性离子中SO_4^{2-}较多，有些大城市NO_3^-对降水酸化的作用也有随着NO_x污染上升而呈上升的趋势。降水中的阴离子主要有SO_4^{2-}、NO_3^-、F^-、Cl^-、NO_2^-、PO_4^{3-}等。离子色谱法可以同时测定降水中的阴离子，简单方便，快速，是同时测定样品中多种离子的理想方法。

实验十六
相关国标

一、实验目的

1. 学习离子色谱分析的基本原理及操作方法。
2. 掌握离子色谱法的定性与定量分析方法。
3. 了解常见阴离子的测定方法。

二、实验原理

不同阴离子（如SO_4^{2-}、NO_3^-、F^-、Cl^-、NO_2^-、PO_4^{3-}）与低交换容量的阴离子交换树脂亲和力不同，这是不同阴离子得以良好分离的原理。利用微膜抑制器，可提高电导检测器的灵敏度，使微量阴离子可得到准确显示，然后根据峰高或峰面积，依据适宜定量分析方法测出相应阴离子的含量。

离子色谱法测定阴离子是利用离子交换原理进行分离的。由抑制柱抑制淋洗液，扣除背景电导，然后利用电导检测器进行测定。根据混合标准溶液中各阴离子出峰的保留时间以及峰高，可定性和定量样品中的SO_4^{2-}、NO_3^-、F^-、Cl^-、NO_2^-、PO_4^{3-}离子。

本方法的适宜浓度范围和最低检出浓度依仪器的不同灵敏度挡而定。

三、仪器与试剂

（一）仪器

1. 离子色谱仪（具电导检测系统）；色谱柱：阴离子分离柱和阴离子保护柱；抑制器；记录仪、积分仪（或微机数据处理系统）；恒流泵。
2. 微孔滤膜过滤器。
3. 超声波发生器。
4. 注射器（1 mL）。

（二）试剂

1. 淋洗贮备液（0.18 mol/L $Na_2CO_3^-$，0.17 mol/L $NaHCO_3$）

称取 19.078 g 碳酸钠（优级纯，105 ℃烘干 2 h）和 14.282 g 碳酸氢钠（优级纯，105 ℃

烘干 2 h)，溶解于水，移入 1000 mL 容量瓶中，用水稀释至标线，过滤，贮存于聚乙烯塑料瓶中，于冰箱内保存。

2. 淋洗使用液

取淋洗贮备液 10.00 mL 于 1000 mL 容量瓶中，用水稀释至标线，摇匀贮存聚乙烯塑料瓶中。此溶液碳酸钠浓度为 0.0018 mol/L；碳酸氢钠浓度为 0.0017 mol/L。

3. 再生液

根据仪器要求配制。

4. 氯化钠标准贮备液

称取 2.210 g 氯化钠(优级纯，105 ℃烘干 2 h)，溶解于水，移入 1000 mL 容量瓶中，加入 10.00 mL 淋洗液，用水稀释至标线。贮于聚乙烯塑料瓶中，于冰箱内保存。此溶液每毫升含 1.000 mg 氯离子。

5. 氟化钠标准贮备液

称取 1.6485 g 氟化钠(优级纯，105 ℃烘干 2 h)，溶解于水，移入 1000 mL 容量瓶中，加入 10.00 mL 淋洗液，用水稀释至标线。贮于聚乙烯塑料瓶中，于冰箱内保存。此溶液每毫升含 1.000 mg 氟离子。

6. 亚硝酸盐标准贮备液

称取 1.4997 g 粒状亚硝酸钠(优级纯，105 ℃烘干 2 h)，溶于水，移入 1000 mL 容量瓶中，加入 10.00 mL 淋洗贮备液，用水稀释至标线。贮于聚乙烯塑料瓶中，于冰箱内保存。此溶液每毫升含 1.000 mg 亚硝酸根。

7. 硝酸盐标准贮备液

称取 1.3780 g 硝酸钠(优级纯，105 ℃烘干 2 h)，溶于水，移入 1000 mL 容量瓶中，加入 10.00 mL 淋洗贮备液，用水稀释至标线。贮于聚乙烯塑料瓶中，于冰箱内保存。此溶液每毫升含 1.000 mg 硝酸根。

8. 硫酸盐标准贮备液

称取 1.8142 g 硫酸钾(优级纯，105 ℃烘干 2 h)，溶于水，移入 1000 mL 容量瓶中，加入 10.00 mL 淋洗贮备液，用水稀释至标线。贮于聚乙烯塑料瓶中，于冰箱内保存。此溶液每毫升含 1.000 mg 亚硝酸根。

9. 5 种阴离子混合标准使用液

配制混合标准溶液的浓度应与降水中待测离子浓度接近。例如，配制含有氟 5.0 μg/mL、氯 10.0 μg/mL、亚硝酸根 20.0 μg/mL、硝酸根 40.0 μg/mL、硫酸根 50.0 μg/mL 的混合标准使用液，分别吸取 5.0 mL 氟化钠标准贮备液。10.0 mL 氯化钠标准贮备液、20.0 mL 亚硝酸钠标准贮备液、40.0 mL 硝酸钠标准贮备液及 50.0 mL 硫酸钾标准贮备液于 1000 mL 容量瓶中，加入 10.0 mL 淋洗贮备液，用水稀释至标线。贮于聚乙烯塑料瓶中，于冰箱内保存。可使用 1 个月。

四、实验步骤

(一)色谱条件

1.仪器的选择:不同型号的仪器,可根据仪器说明书自行选定。

2.降水样品的处理:降水样品均需经微孔滤膜过滤,除去降水中尘埃颗粒物、微生物体。进样前将样品与淋洗贮备液按 99∶1 体积混合(有的分离柱则不需要这一步)。

(二)标准曲线的绘制

1.用标准使用液,配制 5 个浓度水平的混合标准溶液测定峰高(或峰面积)。

2.以峰高(或峰面积)为纵坐标,以离子浓度(mg/L)为横坐标,用最小二乘法计算校准曲线的回归方程或绘制工作曲线。

(三)样品测定

1.降水样品的处理

降水样品均需微孔滤膜过滤,除去降水中尘埃颗粒物、微生物体。

2.测定

进样前将样品与淋洗贮备液按 99∶1 体积混合后进样,根据峰高(或峰面积)在校准曲线上查得样品浓度。

(四)空白实验

以试验水代替水样,经 0.45 μm 滤膜过滤后进行色谱分析。

(五)校准曲线的校准

用标准样品对校准曲线进行校准。

五、结果分析

1.记录实验条件,保存实验资料。

2.降水中阴离子的浓度:

$$c=\frac{h-h_0-a}{b}$$

式中:c ——降水中阴离子的浓度,mg/L;

h ——样品的峰高(或峰面积);

h_0 ——空白峰高(或峰面积)测定值;

b ——回归方程的斜率;

a ——回归方程的截距。

六、注意事项

1.离子色谱法所用去离子水的电导率应小于 0.5 μS/cm,并用微孔滤膜过滤。

2.离子色谱分析时，样品中需加入一定量的淋洗贮备液，使其浓度与淋洗液相同，以克服负峰干扰。

3.因为不同分离柱、环境温度对分离度及保留时间均有影响，操作者可根据具体情况和经验对淋洗贮备液(碳酸钠-碳酸氢钠溶液)的浓度比进行适当的调整。

4.注意整个系统不要进气泡，否则会影响分离效果。

5.在与绘制校准曲线相同的色谱条件下测定样品的保留时间和峰高(或峰面积)。

6.在淋洗液、再生液改变时，或分析20个样品后，都要对校准曲线进行校准。

任何一种离子的响应值或保留时间大于预期值的±10%时，必须用新的校准标样重新测定。如果其测定结果仍大于±10%，则需要重新绘制标准曲线。

七、思考题

1.简述离子色谱法的分离机理。

2.电导检测器为什么可用作离子色谱分析的检测器?

3.为什么在每个试液中都要加入1%的洗脱液成分?

实验十七　水中石油类和动植物油类的测定——红外分光光度法

一、实验目的

掌握水中油类物质的测定原理及方法。

二、实验原理

用 CCl_4 萃取样品中的油类物质，测定总油，然后将萃取液用硅酸镁吸附，除去动植物油类等极性物质后，测定石油类。总油和石油类的含量均由波数分别为 2930 cm^{-1}（—CH_2 基团中 C—H 键的伸缩振动）、2960 cm^{-1}（—CH3 基团中的 C—H 键的伸缩振动）和 3030 cm^{-1}（芳香环中 C—H 键的伸缩振动）谱带处的吸光度 A_{2930}、A_{2960}、A_{3030} 进行计算，其差值为动植物油类浓度。

三、仪器与试剂

（一）仪器

1. 红外分光光度计

能在 2400 cm^{-1}～3400 cm^{-1} 进行扫描，并配有 1 cm 和 4 cm 带盖石英比色皿。

实验十七
相关国标

2. 旋转振荡器

振荡频数可达 300 次/min。

3. 分液漏斗

1000，2000 mL，聚四氟乙烯旋塞。

4. 玻璃砂芯漏斗

40mL，G-1 型。

5. 锥形瓶

100 mL，具塞磨口。

6. 样品瓶

500，1000 mL，棕色磨口玻璃瓶。

7. 量筒

1000，2000 mL。

8. 一般实验室常用器皿和设备。

（二）试剂

1. 盐酸（HCl）

ρ=1.19 g/mL，优级纯。

2. 正十六烷

光谱纯。

3. 异辛烷

光谱纯。

4. 苯：光谱纯

5. CCl_4

在 2800 cm^{-1}～3100 cm^{-1}扫描，不应出现锐峰，其吸光度值应不超过 0.12(4 cm 比色皿、空气池作参比）。

6. 无水硫酸钠：

在 550 ℃下加热 4 h,冷却后装入磨口玻璃瓶中,置于干燥器内贮存。

7. 硅酸镁

60～100 目取硅酸镁于瓷蒸发皿中,置于马弗炉内 550 ℃下加热 4 h,在炉内冷却至约 200 ℃后,移入干燥器中冷却至室温，于磨口玻璃瓶内保存。使用时，称取适量的硅酸镁于磨口玻璃瓶中,根据硅酸镁的重量,按 6%(*m*/*m*)比例加入适量的蒸馏水,密塞并充分振荡数分钟,放置约 12 h 后使用。

8. 石油类标准贮备液

ρ=1000 mg/L,可直接购买市售有证标准溶液。

9. 正十六烷标准贮备液

ρ=1000 mg/L 称取 0.1000 g 正十六烷于 100 mL 容量瓶中,用 CCl_4 定容,摇匀。

10. 异辛烷标准贮备液

ρ=1000 mg/L 称取 0.1000 g 异辛烷于 100 mL 容量瓶中,用 CCl_4 定容,摇匀。

11. 苯标准贮备液

ρ=1000 mg/L 称取 0.1000 g 苯于 100 mL 容量瓶中,用 CCl_4 定容,摇匀。

12. 吸附柱

内径 10 mm,长约 200 mm 的玻璃柱。出口处填塞少量用 CCl_4 浸泡并晾干后的玻璃棉,将硅酸镁缓缓倒入玻璃柱中,边倒边轻轻敲打,填充高度约为 80 mm。

四、实验步骤

(一)样品前处理

1. 地表水和地下水

取 1000 mL 水样置于 2000 mL 分液漏斗中,量取 25.0 mL CCl_4洗涤样品瓶后,全部转移至分液漏斗中。振荡 3 min,并经常开启旋塞排气,静置分层后,将下层有机相转移至已加入 3 g 无水硫酸钠的具塞磨口锥形瓶中,摇动数次。如果无水硫酸钠全部结晶成块,需要补加无水硫酸钠,静置。将上层水相全部转移至 2000 mL 量筒中,测量样品体积并记录。

向萃取液中加入 3 g 硅酸镁，置于旋转振荡器上，以 180～200 rpm 的速度连续振荡 20 min，静置沉淀后，上清液经玻璃砂芯漏斗过滤至具塞磨口锥形瓶中，用于测定石油类。

地表水和地下水中动植物油类的测定可参照工业废水和生活污水的测定步骤。

2. 工业废水和生活污水

取 500 mL 水样置于 1000 mL 分液漏斗中，量取 50.0 mL CCl4 洗涤样品瓶后，全部转移至分液漏斗中。振荡 3 min，并经常开启旋塞排气，静置分层后，将下层有机相转移至已加入 5 g 无水硫酸钠的具塞磨口锥形瓶中，摇动数次。如果无水硫酸钠全部结晶成块，需要补加无水硫酸钠，静置。将上层水相全部转移至 1000 mL 量筒中，测量样品体积并记录。将萃取液分为两份，一份直接用于测定总油。另一份加入 5 g 硅酸镁，置于旋转振荡器上，以 180～200 rpm 的速度连续振荡 20 min，静置沉淀后，上清液经玻璃砂芯漏斗过滤至具塞磨口锥形瓶中，用于测定石油类。

石油类和动植物油类的吸附分离也可采用吸附柱法，即取适量的萃取液过硅酸镁吸附柱，弃去前 5 mL 滤出液，余下部分接入锥形瓶中，用于测定石油类。

3. 空白试样的制备

以实验用水代替样品，按照试样的制备步骤制备空白试样。

(二)样品测定

1. 校正系数的测定

分别量取 2.00 mL 正十六烷标准贮备液、2.00 mL 异辛烷标准贮备液和 10.00 mL 苯标准贮备液于 3 个 100 mL 容量瓶中，用 CCl_4 定容至标线，摇匀。正十六烷、异辛烷和苯标准溶液的浓度分别为 20 mg/L、20 mg/L 和 100 mg/L。用 CCl_4 做参比溶液，使用 4 cm 比色皿，分别测量正十六烷、异辛烷和苯标准溶液在 2930 cm^{-1}、2960 cm^{-1}、3030 cm^{-1}处的吸光度 A_{2930}、A_{2960}、A_{3030} 。正十六烷、异辛烷和苯标准溶液在上述波数处的吸光度均符合公式，由此得出的联立方程式经求解后，可分别得到相应的校正系数 X,Y,Z 和 F 。

$$\rho = X \times A_{2930} + Y \times A_{2960} + Z(A_{3030} - \frac{A_{2930}}{F})$$

式中：ρ ——CCl_4 中总油的含量，mg/L；

A_{2930} ，A_{2960} ，A_{3030} ——各对应波数下测得的吸光度；

X,Y,Z ——与各种 C—H 键吸光度相对应的系数；

F ——脂肪烃对芳香烃影响的校正因子，即正十六烷在 2930 cm^{-1}与 3030 cm^{-1}处的吸光度之比。对于正十六烷和异辛烷，由于其芳香烃含量为零，即 $A_{3030} - A_{2930}/F = 0$

则有：

$$F = A_{2930}(\mathrm{H}) / A_{3030}(\mathrm{H})$$

$$\rho(\mathrm{H}) = X \times A_{2930}(\mathrm{H}) + Y \times A_{2960}(\mathrm{H})$$

$$\rho(\mathrm{I}) = X \times A_{2930}(\mathrm{I}) + Y \times A_{2960}(\mathrm{I})$$

对于苯，则有：

$$\rho(\mathrm{B}) = X \times A_{2930}(\mathrm{B}) + Y \times A_{2960}(\mathrm{B}) + Z \times (A_{3030} - A_{2930} / F)$$

式中：ρ(H) ——正十六烷标准溶液的浓度，mg/L；

ρ(I)——异辛烷标准溶液的浓度，mg/L；

ρ(B)——苯标准溶液的浓度，mg/L；

A_{2930}(H)，A_{2960}(H)，A_{3030}(H)——各对应波数下测得正十六烷标准溶液的吸光度；

A_{2930}(I)，A_{2960}(I)，A_{3030}(I)——各对应波数下测得的异辛烷标准溶液的吸光度；

A_{2930}(B)，A_{2960}(B)，A_{3030}(B)——各对应波数下测得的苯标准溶液的吸光度。

可采用姥鲛烷代替异辛烷，甲苯代替苯，以相同方法测定校正系数。

红外分光光度计出厂时如果设定了校正系数，可以直接进行校正系数的检验。

2. 校正系数的检验

分别量取 5.00 mL 和 10.00 mL 的石油类标准贮备液于 100 mL 容量瓶中，用 CCl_4 定容，摇匀，石油类标准溶液的浓度分别为 50 mg/L 和 100 mg/L。分别量取 2.00，5.00 和 20.00 mL 浓度为 100 mg/L 的石油类标准溶液于 100 mL 容量瓶中，用 CCl_4 定容，摇匀，石油类标准溶液的浓度分别为 2，5，20 mg/L。用 CCl_4 做参比溶液，使用 4 cm 比色皿，于 2930，2960，3030 cm^{-1}处分别测量 2，5，20，50，100 mg/L 石油类标准溶液的吸光度 A_{2930}，A_{2960}，A_{3030}，按照公式计算测定浓度。如果测定值与标准值的相对误差在±10%以内，则校正系数可采用，否则重新测定校正系数并检验，直至符合条件为止。

用标准物质配制标准溶液时，使用正十六烷、异辛烷和苯，按 65∶25∶10(V/V)的比例配制混合烃标准物质；使用正十六烷、姥鲛烷和甲苯，按 5∶3∶1(V/V)的比例配制混合烃标准物质。以 CCl_4 作为溶剂配制所需浓度的标准溶液。

3. 总油的测定

将未经硅酸镁吸附的萃取液转移至 4 cm 比色皿中，以四氯化碳作参比溶液，于 2930，2960，3030 cm^{-1} 处测量其吸光度 $A_{1.2930}$，$A_{1.2960}$，$A_{1.3030}$，计算总油的浓度。

4. 石油类浓度的测定

将经硅酸镁吸附后的萃取液转移至 4 cm 比色皿中，以四氯化碳作参比溶液，于 2930，2960，3030 cm^{-1} 处测量其吸光度 $A_{2.2930}$，$A_{2.2960}$，$A_{2.3030}$，计算石油类的浓度。

5. 动植物油类浓度的测定

总油浓度与石油类浓度之差即为动植物油类浓度。

当萃取液中油类化合物浓度大于仪器的测定上限时，应在硅酸镁吸附前稀释萃取液。

6. 空白试验

以空白试样代替试样，按照上述相同步骤进行测定。

五、结果分析

(一)总油的浓度 ρ_1 (mg/L)

$$\rho_1 = [X \times A_{1.2930} + Y \times A_{1.2960} + Z \times (A_{1.3030} - A_{1.2930}) / F] \times \frac{V_0 \times D}{V_W}$$

式中：ρ_1 ——样品中总油的浓度，mg/L；

X，Y，Z，F ——校正系数；

$A_{1.2930}$，$A_{1.2960}$，$A_{1.3030}$——各对应波数下测得萃取液的吸光度；

V_0——萃取溶剂的体积，mL；

V_W——样品体积，mL；

D——萃取液稀释倍数。

(二)石油类的浓度 ρ_2 (mg/L)

$$\rho_2 = [X \times A_{2.2930} + Y \times A_{2.2960} + Z \times (A_{2.3030} - A_{2.2930})/F] \times \frac{V_0 D}{V_W}$$

式中：ρ——样品中石油类的浓度，mg/L；

$A_{2.2930}$，$A_{2.2960}$，$A_{2.3030}$——各对应波数下测得经硅酸镁吸附后滤出液的吸光度；

其他参数见上式。

3. 动植物油类的浓度 ρ_3

$$\rho_3 = \rho_1 - \rho_2$$

式中：ρ_3——样品中动植物油类的浓度，mg/L。

第三章　空气环境质量监测

实验十八　环境空气总悬浮颗粒物的测定——重量法

总悬浮颗粒物，简称 TSP，指空气中空气动力学直径小于 100 μm 的颗粒物。测定 TSP 采用重量法，所用的采集器按采气量大小，分为大流量采样器和中流量采样器。方法的检出限为 0.001 mg/m^3，TSP 含量过高或雾天采样使滤膜阻力大于 10 kPa 时，本方法不适用。

用超细玻璃纤维滤膜采样，在测定 TSP 的质量浓度后，样品滤膜可用于测定无机盐（如硫酸盐、硝酸盐及氯化物等）和有机化合物（如苯并[a]芘等）。若要测定金属元素（如铍、铬、锰、铁、镍、铜、锌、硒、镉、锑及铅等），则用聚氯乙烯等有机滤膜。

一、实验目的

1. 掌握重量法测定大气中总悬浮颗粒物的原理及方法。
2. 掌握大气采样器的使用方法。

二、实验原理

抽取一定体积的空气，使之通过已恒重的滤膜，则悬浮微粒被阻留在滤膜上，根据采样前后滤膜重量之差及采气体积，即可计算 TSP 的质量浓度。用重量法测定大气中 TSP 的一般分为：大流量（1.1～1.7 m^3/min）和中流量（0.05～0.15 m^3/min）采样法。

实验十八
相关国标

三、仪器

1. 大气采样器。
2. 分析天平，感量 0.1 mg。
3. 滤膜，超细玻璃纤维滤膜或聚氯乙烯滤膜。
4. 流量校准装置，经过罗茨流量计校准的孔口校准器。
5. 气压计。
6. 滤膜储存袋及储存盘。

四、实验步骤

（一）采样器的流量校准

采样器每月用孔口校准器进行流量校准。

(二)滤膜的准备

1. 每张滤膜使用前均需光照检查,不得使用有针孔或有任何缺陷的滤膜采样。

2. 将滤膜剪成直径为 9 cm 的圆片,放入纸袋(或盒)中,备用。

3. 空白滤膜质量:将采样前的空白滤膜,置于恒温恒湿天平室内,各袋分开放置,不可重叠,平衡 24 h 后,称量滤膜质量。过 1 h 再称量,直至恒重(w_0)。

(三)采样

将已恒重的滤膜,用镊子小心取出,平放在滤膜采样夹的网板上(事先用纸擦净)。

如测定小时浓度,则每小时换一张滤膜;如测定日平均浓度,则连续采集样品于一张滤膜上。采样后,用镊子小心取下滤膜,尘面向里,对折两次,叠成扇形夹在衬纸中间,再放回纸袋(或盒)中。并仔细记录采样条件。

采样点应选择在不接近烟囱、材料仓库、施工工地及停车场等局部污染源的地方,亦不可在靠近墙、树木及屋檐的地方。采样高度为 3～5 m,若在屋顶上采样,则应距屋顶 1～5 m。

(四)样品滤膜质量

将采样后的滤膜置于恒温恒湿天平室内,各袋分开放置,不可重叠,平衡 24 h 后,称量滤膜质量。过 1 h 再称量,直至恒重(w)。

五、结果分析

1. 将采样体积按下式换算成标准状态下的采样体积:

$$V_0 = \frac{V_t \times T_0 \times p}{(276 + t) \times p_0}$$

式中:V_0 ——标准状态下的采样体积,L;

V_t ——采样体积(L)=采样流量(L/min)×采样时间(min);

t ——采样点的气温,℃;

T_0 ——标准状态下的绝对温度 273 K;

p ——采样点的大气压力,kPa;

p_0 ——标准状态下的大气压力,101 kPa。

2. 大气中总悬浮颗粒物:

$$\text{TSP} = \frac{(w - w_0) \times 1000}{V_0}$$

式中:TSP——大气中总悬浮颗粒物;

w ——样品滤膜重量,g;

w_0 ——空白滤膜重量,g;

V_0 ——换算为标准状态下的采样体积,m^3。

六、注意事项

1. 滤膜上积尘较多或电源电压变化时,采样流量会有所波动,应随时注意检查和调节流量。采样过程中注意检查抽气动力的电机是否发热，必要时准备两台更换使用。

2. 抽气动力的排气口应放在滤膜采样夹的下风向，必要时将排气口垫高，以避免排气将地面尘土扬起。

3. 称量不带衬纸的聚氯乙烯滤膜时，在取放滤膜过程中，用金属镊子触一下天平盘，以消除静电的影响。

七、思考题

1. 若样品滤膜的质量比采样前清洁滤膜的质量小，该数据是否可用？为什么？

2. 在什么气象条件下 TSP 污染较重？

3. 滤膜为什么要采用恒重法称量？为什么要对照进行湿度校准实验？

实验十九　环境空气 PM_{10} 和 $PM_{2.5}$ 的测定——重量法

$PM_{2.5}$ 是指大气中直径小于或等于 2.55 μm 的颗粒物，也称为可入肺颗粒物。虽然 $PM_{2.5}$ 只是地球大气成分中含量很少的组分，但它对空气质量和能见度等有重要的影响，与较粗的大气颗粒物相比，$PM_{2.5}$ 粒径小，富含大量的有毒、有害物质且在大气中的停留时间长、输送距离远，因而对人体健康和大气环境质量的影响更大。

通常把空气动力学当量直径在 10 μm 以下的颗粒物称为 PM_{10}，又称为可吸入颗粒物或飘尘，可吸入颗粒物的浓度以每立方米空气中可吸入颗粒物的毫克数表示。

实验十九
相关国标

一、实验目的

1. 掌握动力学直径的概念。
2. 掌握 $PM_{2.5}$ 及 PM_{10} 的测定方法。

二、实验原理

分别通过具有一定切割性的采样器，以恒速抽取定量体积空气，使环境空气中 $PM_{2.5}$ 和 PM_{10} 被截留在已知质量的滤膜上，根据采样前后滤膜的质量差和采样体积，计算出 $PM_{2.5}$ 和 PM_{10} 浓度。

三、仪器

(一)切割器

1. PM_{10} 切割器、采样系统：切割粒径 Da_{50} =(10±0.5) μm 捕集效率的几何标准差为 σ_g =(1.5±0.1)μm。其他性能和技术指标应符合 HJ/T93－2003 的规定。

2. $PM_{2.5}$ 切割器、采样系统：切割粒径 Da_{50} =(2.5±0.5) μm 捕集效率的几何标准差为 σ_g =(1.2±0.1) μm。其他性能和技术指标应符合 HJ/T93－2003 的规定。

(二)采样器空口流量计或其他符合本标准技术指标要求的流量计

1. 大流量流量计，量程(0.8～1.4) L/min，误差≤2%。
2. 中流量流量计，量程(60～125) L/min，误差≤2%。
3. 小流量流量计，量程<30 L/min，误差≤2%。

(三)滤膜

根据样品采集目的可选用玻璃纤维滤膜、石英滤膜等无机滤膜或聚氧乙烯、聚丙乙烯、混合纤维等有机滤膜。滤膜对 0.3 μm 标准粒子的截留效率不小于 90%。空白滤膜于恒温恒湿箱(室)平衡至恒重，称量后，放入干燥器中备用。

(四)分析天平

感量 0.1 mg 或 0.01 mg。

(五)恒温恒湿箱(室)

箱(室)内空气温度在15～30 ℃可调,控制精度在±1 ℃。箱(室)内空气相对湿度控制在(50±5)%。恒温恒湿箱(室)可连续工作。

(六)干燥器

内盛变色硅胶。

四、实验步骤

(一)样品采集

1. 采样时,采样器入口距离高度不得低于1.5 m,采样点应布置在距人行道边缘外侧1 m处。

2. 采样时,将已称重的滤膜用镊子放入洁净采样夹内的滤网上,滤膜毛面应朝进气方向。将滤膜牢固压紧至不漏气。每次测定浓度,需更换滤膜;如测日平均浓度,样品采集在一张滤膜上,采样结束后,用镊子取出。将有尘面两次对折,放入样品盒或纸袋,并做好采样记录。

3. 采样后滤膜样品称量至恒重。

(二)样品保存

滤膜采集后,如不能立即称重,应在4℃条件下冷藏保存。

(三)分析步骤

将滤膜放在恒稳恒湿箱(室)中平衡24 h,平衡条件为:温度取15～30 ℃中任何一点,相对湿度控制在45%～54%,记录平衡温度与湿度。在上述平衡条件下,用感量为0.1 mg或0.01 mg的分析天平称量滤膜,记录滤膜重量。在同一恒温恒湿箱(室)中相同条件下再平衡1 h后称量。对于PM_{10}和$PM_{2.5}$颗粒物样品滤膜,两次重量之差分别小于0.4 mg或0.04 mg为满足恒重要求。

五、结果分析

$PM_{2.5}$和PM_{10}浓度按下式计算:

$$\rho=\frac{(w_2-w_1)\times 1000}{V}$$

式中:ρ——PM_{10}或$PM_{2.5}$浓度,mg/m^3;

w_2——采样后滤膜的重量,g;

w_1——空白滤膜的重量,g;

V——已换算成标准状态(101.325 kPa,273 K)下的采样体积,m^3。

六、注意事项

1. 采样器每次使用前需进行流量校准。

2. 滤膜使用前均需进行检查，不得有针孔或任何缺陷。滤膜称量时要消除静电的影响。

3. 取清洁滤膜若干张，在恒温恒湿箱(室)，按平衡条件平衡 24 h，称重。每张滤膜非连续称量 10 次以上，求得的每张滤膜的平均值为该张滤膜的原始质量。以上述滤膜作为标准滤膜。

每次称滤膜的同时，称量两张标准滤膜。若标准滤膜称出的重量在原质量±5 mg(大流量)，或±0.5 mg(中流量和小流量)范围内，则认为该批样品滤膜称量合格，数据可用。否则应检查称量条件是否符合要求并重新称量该批样品滤膜。

4. 要经常检查采样头是否漏气。当滤膜安放正确，采样系统无漏气时，采样后滤膜上颗粒物与四周白边之间界限应清晰，如界限模糊，则表明应更换滤膜密封垫。

5. 对电机有电刷的采样器，应尽可能在电机由于电刷原因停止工作前更换电刷，以免采样失败。更换时间视以往情况确定。更换电刷后要重新校准流量。新更换电刷的采样器应在负载条件下运转 1 h，待电刷与转子的整流子良好接触后，再进行流量校准。

6. 当 PM_{10} 或者 $PM_{2.5}$ 含量很低时，采样时间不能过短。对于感量为 0.1 mg 和 0.01 mg 的分析天平，滤膜上颗粒物负载量应分别大于 1 mg 和 0.1 mg，以减少称量误差。

7. 采样前后，滤膜称量应使用同一台分析天平。

实验二十　环境空气二氧化硫的测定——四氯汞盐吸收-副玫瑰苯胺分光光度法

实验二十
相关国标

一、实验目的

1. 掌握大气采样器及吸收液采样大气样品的操作技术。

2. 学会用比色法测定二氧化硫。

二、实验原理

二氧化硫被甲醛缓冲溶液吸收后，生成稳定的羟基甲磺酸加成化合物。在样品溶液中加氢氧化钠使加成化合物分解，释放出的二氧化硫与盐酸副玫瑰苯胺作用，生成紫红色化合物，根据颜色深浅，用分光光度法测定。

主要干扰物为氮氧化物、臭氧及某些重金属元素，加入氨磺酸钠溶液可消除氮氧化物的干扰；采样后放置一段时间可使臭氧自行分解；加人磷酸及环己二胺四乙酸二钠盐可以消除或减少某些金属离子的干扰。10 mL 样品溶液中含 50 μg 钙、镁、铁、镍、镉、铜、锌等离子时，不干扰测定。

10 mL 样品溶液含 5 μg 二价锰离子时，吸光度降低 2.7%；含 10μg 时降低 4.1%，空气中锰含量一般不会超过 0.09 mg/m^3（相当于 5μg/10 mL），不致影响二氧化硫的测定。

本法检出限为 0.2μg/10 mL（按与吸光度 0.01 相对应的浓度计），当用 10 mL 吸收液采气样 10 L 时，最低检出浓度为 0.02 mg/m^3；当用 50 mL 吸收液，24 h 采气样 300 L，取出 10 mL 样品溶液测定时，最低检出浓度为 0.003 mg/m^3。

三、仪器与试剂

（一）仪器

1. 分光光度计（可见光波长 380～780 nm）。

2. 10 mL 容积多孔玻板吸收管，用于短时间采样。50 mL 容积多孔玻板吸收瓶，用于 24 h 连续采样。

3. 恒温水浴器，0～40 ℃，控制精度为±1 ℃。

4. 具塞比色管，10 mL。

用过的比色管和比色皿应及时用盐酸（1＋4）和乙醇（95%）的混合溶液（二者体积比为 3∶1）浸洗，否则红色难以洗净。

5. 空气采样器，用于短时间采样的空气采样器，流量范围 0.1～1 L/min。用于 24 h 连续采样的采样器应具备有恒温、恒流、计时、自动控制仪器开关的功能，流量范围 0.1～0.5 L/min。

6. 一般实验室常用仪器。

(二)试剂

1. 碘酸钾(KIO_3)

优级纯,105～110 ℃干燥 2 h。

2. 碘化钾(KI)

3. 冰乙酸(CH_3COOH)

4. 四氯汞钾(TCM)吸收液,c =0.04 mol/L

称取 10.9 g 氯化汞、6.0 g 氯化钾和 0.070 g。乙二胺四乙酸二钠盐(EDTA)溶于水中,稀释至 1 L。此溶液在密闭容器中贮存,可稳定 6 个月。如发现有沉淀,不可再用。

5. 甲醛溶液,$\rho \approx 2$ g/L

量取 1 mL 36%～38%(m/m)的甲醛溶液,稀释至 200 mL,临用现配。

6. 氨磺酸铵溶液,$\rho(H_2NSO_3NH_4)=6.0$ g/L

称取 0.60 g 氨磺酸铵溶于 100 mL 水中,临用现配。

7. 碘贮备液,$c(1/2\ I_2)=0.10$ mol/L

称取 12.7 g 碘(I_2)于烧杯中,加入 40 g 碘化钾和 25 mL 水,搅拌至完全溶解,用水稀释至 1000 mL,贮存于棕色细口瓶中。

8. 碘溶液,$c(1/2\ I_2)=0.010$ mol/L

量取碘贮备液 50 mL,用水稀释至 500 mL,贮于棕色细口瓶中。

9. 淀粉溶液,$\rho=5.0$ g/L

称取 0.5 g 可溶性淀粉于 150 mL 烧杯中,用少量水调成糊状,慢慢倒入 100 mL 沸水,继续煮沸至溶液澄清,冷却后贮于试剂瓶中。

10. 碘酸钾基准溶液,c(1/6 KIO3)=0.1000 mol/L

准确称取 3.5667 g 碘酸钾溶于水,移入 1000 mL 容量瓶中,用水稀至标线,摇匀。

11. 盐酸溶液,$c(HCl)=1.2$ mol/L

量取 100 mL 浓盐酸,用水稀释至 1000 mL。

12. 硫代硫酸钠标准贮备液,$c(Na_2S_2O_3)=0.10$ mol/L

称取 25.0 g 硫代硫酸钠($Na_2S_2O_3 \cdot 5H_2O$),溶于 1000 mL 新煮沸但已冷却的水中,加入 0.2 g 无水碳酸钠,贮于棕色细口瓶中,放置一周后备用。如溶液呈现混浊,必须过滤。

标定方法:吸取三份 20.00 mL 碘酸钾基准溶液分别置于 250 mL 碘量瓶中,加 70 mL 新煮沸但已冷却的水,加 1 g 碘化钾,振摇至完全溶解后,加 10 mL 盐酸溶液,立即盖好瓶塞,摇匀。于暗处放置 5 min 后,用硫代硫酸钠标准溶液滴定溶液至浅黄色,加 2 mL 淀粉溶液,继续滴定至蓝色刚好褪去为终点。硫代硫酸钠标准溶液浓度:

$$c(Na_2S_2O_3)=\frac{0.1000\times 20.00}{V}$$

式中:$c(Na_2S_2O_3)$——硫代硫酸钠贮备溶液浓度,mol/L;

V ——滴定消耗硫代硫酸钠溶液体积,mL。

13. 硫代硫酸钠标准溶液,$c(Na_2S_2O_3)\approx 0.01\pm 0.00001$ mol/L

取 50.0 mL 硫代硫酸钠贮备液置于 500 mL 容量瓶中,用新煮沸但已冷却的水稀释至标线,摇匀。

14. 乙二胺四乙酸二钠盐(EDTA-2Na)溶液,$\rho=0.50$ g/L

称取 0.25 g 乙二胺四乙酸二钠盐溶于 500 mL 新煮沸但已冷却的水中。临用时现配。

15. 亚硫酸钠溶液,$\rho(Na_2SO_3)=1$ g/L

称取 0.2 g 亚硫酸钠,溶于 200 mL EDTA-2Na 溶液中,缓缓摇匀以防充氧,使其溶解。放置 2～3 h 后标定。此溶液每毫升相当于 320～400 μg 二氧化硫。

(三)标定方法

1. 取 6 个 250 mL 碘量瓶(A1、A2、A3、B1、B2、B3),分别加入 50.00 mL 碘溶液。在 A1、A2、A3 内各加入 25.00 mL 水,在 B1、B2 内加入 25.00 mL 亚硫酸钠溶液盖好瓶盖。

2. 立即吸取 2.00 mL 亚硫酸钠溶液,加到一个已装有 40～50 mL 四氯汞钾吸收液的 100 mL容量瓶中,并用四氯汞钾吸收液稀释至标线、摇匀。此溶液即为二氧化硫标准贮备溶液。

3. 紧接着再吸取 25.00 mL 亚硫酸钠溶液加入 B3 内,盖好瓶塞。

4. A1、A2、A3、B1、B2、B3 6 个瓶子于暗处放置 5 min 后,用硫代硫酸钠溶液滴定至浅黄色,加 5 mL 淀粉指示剂,继续滴定至蓝色刚刚消失。平行滴定所用硫代硫酸钠溶液体积之差应不大于 0.05 mL。二氧化硫标准贮备溶液的质量浓度由公式计算:

$$c(\text{以 } SO_2 \text{ 计})=\left[(V_0-V)\times c(Na_2S_2O_3)\times 32.02\times\frac{1000}{25.00}\right]\times 2/100$$

式中:V_0、V ——滴定空白溶液、亚硫酸钠溶液所消耗的硫代硫酸钠标准溶液体积,mL;

$c(Na_2S_2O_3)$——硫代硫酸钠标准溶液浓度,mol/L;

32.02——相当于 1 mol/L 硫代硫酸钠标准溶液的二氧化硫(1/2 SO_2)的质量,g。

5. 二氧化硫标准溶液,$c(Na_2SO_3)=2.0$ μg/mL

用四氯汞钾吸收液将二氧化硫标准贮备溶液稀释成每毫升含 2.0 μg 二氧化硫的标准溶液。此溶液用于绘制标准曲线,在4～5 ℃下冷藏,可稳定 20 d。

6. 盐酸副玫瑰苯胺(pararosaniline,PRA,即副品红或对品红)贮备液

$\rho=2$ mg/mL。

其纯度应达到副玫瑰苯胺提纯及检验方法的质量要求。

7. 磷酸溶液,$c(H_3PO_4)=3$ mol/L

量取 41 mL 85% 浓磷酸($\rho=1.69$ g/mL),用水稀释至 200 mL。

8. 盐酸副玫瑰苯胺(PRA)使用液

$\rho=0.16$ mg/mL。

吸取 PRA 贮备液 20.00 mL 于 250 mL 容量瓶中,加入 200 mL 磷酸溶液,用水稀释至标线。至少放置 24 h 方可使用,存于暗处,可稳定 9 个月。

四、实验步骤

(一)采样

短时间采样,用内装 5 mL 或 10 mL 四氯化钾吸收液的 U 形多孔玻板吸收管,以 0.5 L/min 流量,采样 10~30 L。采样时吸收液温度应保持在 10~16 ℃。

24 h 采样,用内装 50 mL 四氯化钾吸收液的多孔玻板吸收瓶,以 0.2 L/min 流量,采样 24 h。吸收液温度应保持在 10~16 ℃。

采样、运输和储存过程中,应避免阳光直接照射样品溶液,当气温高于 30 ℃时,采样如不当天测定,可将样品溶液储存于冰箱。

(二)标准曲线的绘制

取 8 支 10 mL 具塞比色管,分别配成以下浓度(表 3-1)。

表 3-1 溶液浓度的配置

管号	1	2	3	4	5	6	7	8
SO_2 标准溶液(2.0 μg/mL)/mL	0.00	0.60	1.00	1.40	1.60	1.80	2.20	2.70
四氯汞钾吸收液/mL	5.00	4.40	4.00	3.60	3.40	3.20	2.80	2.30
二氧化硫含量/μg	0.00	1.20	2.00	2.80	3.20	3.60	4.40	5.40

各管中加入 0.50 mL 氨基磺酸铵溶液,摇匀。再加入 0.50 mL 甲醛溶液及 1.50 mL 副玫瑰苯胺溶液,摇匀。当室温为 15~20 ℃时,显色 30 min;室温为 20~25 ℃,显色 20 min;室温为 25~30 ℃,显色 15 min。用 10 mm 比色皿,在波长 575 nm 处,以水为参比测量吸光度。以空白校正后各管的吸光度为纵坐标,以二氧化硫的质量浓度(μg/10 mL)为横坐标,用最小二乘法建立校准曲线的回归方程。

(三)样品测定

样品中若有混浊物,应离心分离除去;样品放置 20 min,以使臭氧分解。将吸收管中的样品溶液全部移入比色管中,用少量水洗涤吸收管,并入比色管中,使 总体积为 5 mL,加 0.50 mL 氨基磺酸铵溶液,摇匀,放置 10 min 以除去氮氧化物的干扰,以下步骤同标准曲线的绘制。

五、结果分析

二氧化硫含量的计算公式如下。

$$c(SO_2)=\frac{(A-A_0)\times B_s\times V_t}{V_n\times V_a}=\frac{[(A-A_0)-a]\times V_t}{V_n\times b\times V_a}$$

式中:A ——样品溶液的吸光度;

A_0 ——试剂空白溶液的吸光度;

B_s ——校正因子(1/b,SO_2 吸光度);

b ——回归式的斜率(吸光度/SO_2,ug^{-1});

a ——回归方程的截距(一般要求小于 0.005);

V_t ——样品溶液总体积，mL；

V_a ——测定时所取样品溶液体积，mL；

V_n ——换算成标准状态下(101・325kPa，273K)的采样体积，L。

六、注意事项

1. 显色温度、显色时间的选择及操作时间的掌握是本实验成败的关键。应根据实验室条件、不同季节的室温选择适宜的显色温度及时间。操作中严格控制各反应条件。比色管放在恒温水浴中显色时，注意使水浴水面高度超过比色管中溶液的液面高度，否则会影响测定的准确度。当在温度为 25～30 ℃显色时，应事先做好各项准备工作，测定吸光度时，操作应准确、敏捷，不要超过颜色的稳定时间，以免测定结果偏低。

2. 为消除氮氧化物的干扰，需加入氨磺酸钠，不能用氨基磺酸胺代替，因铵离子会与氢氧化钠结合为氢氧化铵(弱碱)，不利于分解羟基甲磺酸加成化合物、释放出二氧化硫。

3. 因 Cr^{6+} 能使紫红色化合物褪色，使测定结果偏低，故应避免用硫酸、铬酸洗液洗涤玻璃仪器。若已洗，可用(1∶1)盐酸溶液泡 1 h 后，用水充分洗涤，烘干备用。

七、思考题

1. 实验过程中存在哪些干扰？应如何消除？

2. 多孔玻板吸收管的作用是什么？

实验二十一　环境空气氮氧化物的测定——盐酸萘乙二胺分光光度法

实验二十一
相关国标

一、实验目的

1. 掌握大气采样器及吸收液采集大气样品的操作技术。
2. 学会用盐酸萘乙二胺分光光度法测定大气中氮氧化物的方法。

二、实验原理

大气中的氮氧化物主要包括 NO、N_2O、N_2O_5、NO_2 等，无色无味的 NO 和有刺激性气味的 NO_2 均是大气中的重要污染物，通常用 NO_x 表示。在测定氮氧化物时，先用三氧化铬将一氧化氮氧化成二氧化氮，然后测定二氧化氮的浓度。二氧化氮被吸收液吸收后，生成亚硝酸和硝酸。其中，亚硝酸与对氨基苯磺酸可起重氮化反应，再与盐酸萘乙二胺偶合，生成玫瑰红色偶氮染料，根据颜色深浅，用分光光度法比色测定含量。

因使用称量法校准的二氧化氮渗透管配置低浓度标准气体测得 NO_2（气）—NO_2^-（液）的转换系数为 0.76，所以在计算结果时要除以转换系数 0.76。

大气中二氧化硫浓度为氮氧化物浓度的 10 倍时，对氮氧化物的测定无干扰；30 倍时，使反应颜色有少许减淡，但在城市环境大气中，较少遇到这种情况。臭氧浓度为氮氧化物浓度的 5 倍时，对氮氧化物的测定略有干扰，在采样后 3 h，使试液呈现微红色，对测定影响较大。过氧乙酰硝酸酯(PAN)，对氮氧化物的测定产生正干扰，一般环境空气中 PAN 浓度较低，不会导致显著的误差。

三、仪器与试剂

(一)仪器

1. 10 mL 多孔玻板吸收管。
2. 双球玻璃管，如图 3-1 所示。

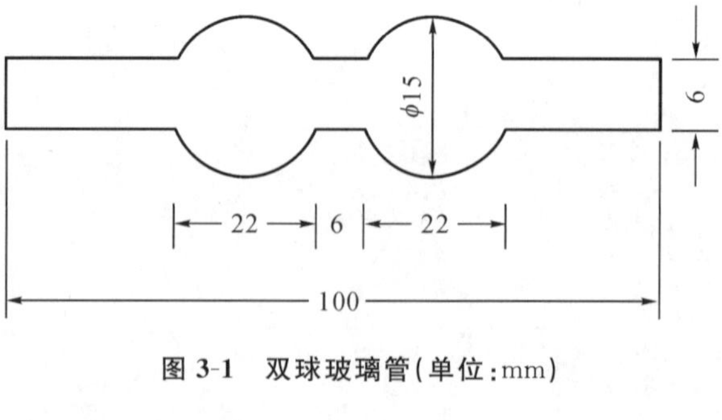

图 3-1　双球玻璃管(单位：mm)

3. 空气采样器：流量范围 0～1 L/min。

4. 分光光度计。

（二）试剂

1. 重蒸馏水

所用试剂均用不含亚硝酸根的重蒸馏水配制，即所配吸收液的吸光度不超过 0.005。

2. 吸收原液

称取 5.0 g 对氨基苯磺酸，通过玻璃小漏斗直接加入 1000 mL 容量瓶中，加入 50 mL 冰乙酸和 900 mL 水的混合溶液，盖塞振摇使其溶解，待对氨基苯磺酸完全溶解后，加入 0.050 g 盐酸萘乙二胺溶解，用水稀释至标线。此为吸收原液，储于棕色瓶中，在冰箱中可保存 2 个月。保存时，可用聚四氟乙烯生胶带密封瓶口，以防空气与吸收液接触。

3. 采样用吸收液

按 4 份吸收原液和 1 份水的比例混合。

4. 三氧化铬-石英砂（或河沙）氧化管

筛取 20～40 目石英砂（或河沙），用（1∶2）盐酸溶液浸泡 1 夜，用水洗至中性，烘干。把三氧化铬及石英砂（或河沙）按质量比（1∶20）混合，加少量水调匀，放在红外灯下或烘箱里于 105 ℃烘干，烘干过程中应搅拌几次。制备好的三氧化铬-石英砂应是松散的，若是黏在一起的，说明三氧化铬比例太大，可适当增加一些石英砂，重新制备。

称取约 8 g 三氧化铬-石英砂装入双球玻璃管，两端用少量脱脂棉塞好。用乳胶管或塑料管制的小帽将氧化管两端密封。使用时氧化管与吸收管之间用一小段乳胶管连接，采集的气体尽可能少与乳胶管接触，以防氮氧化物被吸附。

5. 亚硝酸钠标准储备液

称取 0.1500 g 粒状亚硝酸钠（$NaNO_2$，预先在干燥器内放置 24 h 以上）溶解于水中，移入 1000 mL 容量瓶中，用水稀释至标线。此溶液每毫升含100.0 μg 亚硝酸根（NO_2^-），储于棕色瓶保存在冰箱中，可稳定 3 个月。

6. 亚硝酸钠标准溶液

临用前，吸取储备液 5.0 mL 于 100 mL 容量瓶中，用水稀释至标线。此溶液每毫升含 5.0 μg 亚硝酸根（NO_2^-）。

四、实验步骤

（一）采样

将 5.0 mL 吸收液注入多孔玻板吸收管，进气口接氧化管，并使管口略微向下倾斜，以免湿空气将氧化剂（CrO_3）弄湿，污染后面的吸收液。吸收管的出气口与大气采样器相连，以 0.2～0.3 L/min 流量，避光采样至吸收液呈微红色为止，记下采样时间，密封好采样管，带回实验室，当日测定。采样时，若吸收液不变色，采气量应不少于 6 L。

(二)标准曲线的绘制

取7支10 mL具塞比色管,按表3-2配制标准色列。

表3-2 标准色列配制方法

管 号	0	1	2	3	4	5	6
亚硝酸钠标准溶液/mL	0	0.10	0.20	0.30	0.40	0.50	0.60
吸收原液/mL	4.00	4.00	4.00	4.00	4.00	4.00	4.00
水/mL	1.00	0.90	0.80	0.70	0.60	0.50	0.40
亚硝酸根含量/μg	0	0.50	1.00	1.50	2.00	2.50	3.0

各管摇匀后,避开直射阳光,放置15 min,在波长540 nm处,用1 cm比色皿,以水为参比,测定吸光度。以吸光度对亚硝酸根含量(μg),绘制标准曲线或用最小二乘法计算回归方程式:

$$Y = bX + n$$

式中:Y ——标准溶液吸光度(A)与试剂空白液吸光度(A_0)之差,即:$Y = A - A_0$

X ——亚硝酸根含量;

b ——回归方程式的斜率;

n ——回归方程式的截距。

(三)样品测定

采样后,放置15 min,将样品溶液移入10 mm比色皿中,用绘制标准曲线的方法测定试剂空白液和样品溶液的吸光度。若样品溶液的吸光度超过标准曲线的测定上限,可用吸收液稀释后再测定吸光度,计算结果时应乘以稀释倍数。

五、结果分析

氮氧化物的含量的计算方法如下:

$$\text{氮氧化物的含量(以 }NO_2\text{ 计)}(mg/m^3) = (A - A_0) \times \frac{a}{b} \times V_n \times 0.76$$

式中:A ——样品溶液吸光度;

A_0 ——试剂空白液吸光度;

0.76——NO_2(气)转换为NO_2^-(液)的系数;

b ——回归方程式的斜率,ug^{-1};

a ——回归方程式的截距;

V_n ——标准状态下的采样体积,L。

六、注意事项

1. 吸收液应避光且不能长时间暴露在空气中,以防光照使吸收液显色或吸收空气中的氮氧化物而使试剂空白值增高。

2. 氧化管适于在相对湿度为30%~70%时使用。当空气中相对湿度大于70%时,应勤换氧化管；小于30%时，则在使用前，用经过水面的潮湿空气通过氧化管，平衡1 h。在使用过程中，应经常注意氧化管是否吸湿引起板结或变成绿色。若板结会使采样系统阻力增大，影响流量；若变成绿色表示氧化管已失效。各支氧化管的阻力差别应不大于1.33 kPa（即10 mmHg）。

3. 吸收液若受三氧化铬污染，溶液呈黄棕色，则该样品报废。

七、思考题

1. 氧化管中的石英砂的作用是什么？为什么氧化管变成绿色就失效了？

2. 氧化管为何做成双球形？双球形氧化管有何优点？

实验二十二　空气中甲醛的测定——酚试剂分光光度法和气相色谱法

甲醛是一种无色、具有刺激性且易溶于水的气体，通常称其35%～40%的水溶液为福尔马林，常作为浸渍标本的溶液。甲醛具有较强的黏合性，同时可加强板材的硬度，具有防虫、防腐作用。因此，目前市场上的各种刨花板、中密度纤维板、胶合板中均使用以甲醛为主要成分的脲醛树脂作为胶黏剂。甲醛还可以用来做化纤地毯、涂料、化妆品、清洁剂、杀虫剂、消毒剂、防腐剂、印刷油墨、纸张等。此外甲醛对人体健康的影响主要表现在嗅觉异常、刺激、过敏、肺功能异常、免疫功能下降等方面。当室内空气中甲醛含量为0.1 mg/m^3 时就有异味并让人产生不适感；0.5 mg/m^3 时可刺激眼睛引起流泪；0.6 mg/m^3 时引起咽喉不适或疼痛；浓度再高可引起恶心、呕吐、咳嗽、胸闷、气喘甚至肺气肿。长期低浓度接触甲醛气体，可出现头痛、头晕、乏力、两侧不对称感觉障碍和排汗过剩以及视力障碍，且能抑制汗腺分泌，导致皮肤干燥皲裂；浓度较高时，对黏膜、上呼吸道、眼睛和皮肤具有强烈刺激性，对神经系统、免疫系统、肝脏等产生毒害。

空气中甲醛的测定方法很多，主要有AHMT分光光度法、乙酰丙酮分光光度法、酚试剂分光光度法、气相色谱法、电化学传感器法等。下面介绍酚试剂分光光度法和气相色谱法。

实验二十二
相关国标

一、酚试剂分光光度法测定室内空气中甲醛的含量

(一)实验目的

1. 掌握用酚试剂分光光度法测定大气中甲醛的原理和方法。
2. 熟练掌握大气采样器和分光光度计的使用方法。

(二)实验原理

空气中的甲醛与酚试剂反应生成嗪，嗪在酸性溶液中被高铁离子氧化，形成蓝绿色化合物，该化合物在630 nm处有最大吸收。用甲醛标准溶液配制标准色列，以蒸馏水为参比测定其吸光度，绘制标准曲线，计算回归方程，以同样的方法测定样品溶液，经空白试剂校正后，计算空气中甲醛含量。

(三)仪器与试剂

1. 仪器

(1)多孔玻板吸收管：10 mL；具塞比色列管：10 mL。

(2)空气采样器。

(3)分光光度计。

2. 试剂

(1)吸收液原液：称量0.10 g酚试剂(MBTH)，加水溶解，并稀释至100 mL。贮于棕色

瓶中，在冰箱内可稳定3 d。

(2)吸收液：量取吸收原液5 mL，加95 mL水，即为吸收液。采样时，临用现配。

(3)1%硫酸铁铵溶液：称量1.0 g硫酸铁铵[$NH_4Fe(SO_4)_2 \cdot 12H_2O$]用0.1 mol/L盐酸溶解，并稀释至100 mL。

(4)0.1000 mol/L碘溶液：称量40 g碘化钾，溶于25 mL水中，加入12.7 g碘。待碘完全溶解后，用水定容至1000 mL。移入棕色瓶中，暗处贮存。

(5)1 mol/L氢氧化钠溶液：称量40 g氢氧化钠，溶于水中，并稀释至1000 mL。

(6)0.5 mol/L硫酸溶液：取28 mL浓硫酸缓慢加入水中，冷却后，稀释至1000 mL。

(7)硫代硫酸钠标准滴定溶液$c(Na_2S_2O_3)=0.1$ mol/L。

①配制。称取26 g硫代硫酸钠($Na_2S_2O_3 \cdot 5H_2O$)(或16 g无水硫代硫酸钠)，加0.2 g无水碳酸钠，溶于1000 mL水中，缓缓煮沸10 min，冷却。放置两周后过滤。

②标定。称取0.18 g于120 ℃干燥至恒重的基准试剂重铬酸钾，置于碘量瓶中，溶于25 mL水，加2 g碘化钾及20 mL硫酸溶液(20%)，摇匀，于暗处放置10 min。加150 mL水(15~20 ℃)，用配制好的硫代硫酸钠溶液滴定，近终点时加2 mL淀粉指示液(10 g/L)，继续滴定至溶液由蓝色变为亮绿色。同时做空白试验。

硫代硫酸钠标准滴定溶液的浓度[$c(Na_2S_2O_3)$]，单位为mol/L，按下式计算：

$$c(Na_2S_2O_3)=\frac{m\times1000}{M\times(V_1-V_2)}$$

式中：m——重铬酸钾的质量，g；

V_1——硫代硫酸钠溶液的体积的数值，mL；

V_2——空白试验硫代硫酸钠溶液的体积数值，mL；

M——重铬酸钾的摩尔质量，g/mol[$M(1/6\ K_2Cr_2O_7)=49.031$]。

注：硫代硫酸钠标准溶液[$c(Na_2S_2O_3)=0.1000$ mol/L]：可购买标准试剂配制。

(8)0.5%淀粉溶液：将0.5 g可溶性淀粉，用10 mL水调成糊状后，加入到90 mL沸水中，随加随搅拌，继续煮沸2 min，放冷，即得。本液应临用新制。

(9)甲醛标准贮备溶液：取2.8 mL含量为36%~38%甲醛溶液，放入1000 mL容量瓶中，加水稀释至标线。此溶液1 mL约相当于1 mg甲醛。其准确浓度用下述碘量法标定。

甲醛标准贮备溶液的标定：精确量取20.00 mL待标定的甲醛标准贮备溶液，置于250 mL碘量瓶中。加入20.00 mL[$c(1/2\ I_2)=0.1000$ mol/L]碘溶液和15 mL 1 mol/L氢氧化钠溶液，放置15 min，加入20 mL 0.5 mol/L硫酸溶液，再放置15 min，用硫代硫酸钠溶液[$c(Na_2S_2O_3)=0.1000$ mol/L]滴定，至溶液呈现淡黄色时，加入1 mL 0.5%淀粉溶液继续滴定至蓝色刚好褪去为止，记录所用硫代硫酸钠溶液体积(V_2)。同时用水作试剂空白滴定，记录空白滴定所用硫化硫酸钠标准溶液的体积(V_1)。

甲醛溶液的浓度计算：

$$c=\frac{(V_1-V_2)\times c(Na_2S_2O_3)\times15.0}{20.0}$$

式中：c——甲醛溶液浓度，mg/mL；

V_1、V_2——试剂空白、甲醛标准贮备溶液消耗[$c(Na_2S_2O_3)=0.1000$ mol/L]硫代硫酸钠溶液的体积，mL；

$c(Na_2S_2O_3)$——硫代硫酸钠标准溶液浓度，mol/L；

15.0——相当于 1000 mL 1 mol/L 硫代硫酸钠标准溶液的甲醛（$1/2CH_2O$）的质量，g。

20.0——所取甲醛标准贮备溶液的体积，mL。

(10)甲醛标准溶液：临用时，将甲醛标准贮备溶液用水稀释成 1.00 mL 含 10 μg 甲醛的溶液，立即再取此溶液 10.00 mL，加入 100 mL 容量瓶中，加入 5 mL 吸收原液，用水定容至 100 mL，此液 1.00 mL 含 1.00 μg 甲醛，放置 30 min 后，用于配制标准色列。此标准溶液可稳定 24 h。

(四)实验步骤

1. 样品采集

(1)采样点的数量：采样点的数量根据监测室内面积大小和现场情况而确定。原则上小于 50 m^2 的房间应设 1～3 个点；50～100 m^2 设 3～5 个点；100 m^2 上至少设 5 个点。在对角线上或按梅花形均匀分布。

(2)采样点应避开通风口，离墙壁距离应大于 0.5 m。

(3)采样点的高度：原则上与人的呼吸高度相一致，相对高度 0.5～1.5 m。

用一个内装 5.0 mL 吸收液的气泡吸收管，以 0.5 L/min 流量，采气 10 L，并记录采样点的温度和大气压力。采样后样品在室温下应在 24 h 内分析。

2. 标准曲线的绘制

取 10 mL 具塞比色管，用甲醛标准溶液按表 3-3 制备标准系列。

表 3-3 甲醛标准系列

管 号	0	1	2	3	4	5	6	7	8
甲醛标准溶液/ml	0	0.10	0.20	0.40	0.60	0.80	1.00	1.50	2.00
吸收液/ml	5.00	4.90	4.80	4.60	4.40	4.20	4.00	3.50	3.00
甲醛含量/μg	0	0.10	0.20	0.40	0.60	0.80	1.00	1.50	2.00

各管中，加入 0.4 mL 1%硫酸铁铵溶液，摇匀。放置 15 min。用 1 cm 比色皿，在波长 630 nm 下，以水作参比，测定各管溶液的吸光度。以甲醛含量为横坐标，吸光度为纵坐标，绘制标准曲线，并计算回归线斜率，以斜率倒数作为样品测定的计算因子 B_g（μg/吸光度）。

3. 样品测定

采样后，将样品溶液全部转入比色管中，用少量吸收液洗涤吸收管，合并使总体积为 5 mL。按绘制标准曲线的操作步骤测定吸光度（A）；在每批样品测定的同时，用 5 mL 未采样的吸收液作试剂空白，测定试剂空白的吸光度（A_0）。

(五)结果分析

(1)将采样体积按下式换算成标准状态下的采样体积：

$$V_0 = \frac{V_t \times T_0 \times p}{(273 + t) \times p_0}$$

式中：V_0——标准状态下的采样体积，L；

V_t——采样体积(L)＝采样流量(L/min)×采样时间(min)；

t——采样点的气温，℃；

T_0——标准状态下的绝对温度 273 K；

p——采样点的大气压力，kPa；

p_0——标准状态下的大气压力，101 kPa。

(2)空气中甲醛浓度按下式计算：

$$c=\frac{(A-A)\times B_g}{V_0}$$

式中：c——空气中甲醛浓度，mg/m^3；

A、A_0——分别为样品溶液、空白溶液的吸光度；

B_g——计算因子，标准曲线斜率的倒数，μg/吸光度；

V_0——换算成标准状态下的采样体积，L。

(六)注意事项

1. 测定范围为 0.1～1.5 μg，采样体积为 10 L 时，可测浓度范围为 0.01～0.15 mg/m^3，灵敏度为 2.8 μg/吸光度，最低检出浓度为 0.056 μg 甲醛。

2. 再现性：当甲醛含量为 0.1，0.6，1.5 μg/5 mL 时，重复测定的变异系数分别为 5%、5%、3%。

3. 回收率：当甲醛含量 0.4～1.0 μg/5 mL 时，样品加标回收率为 93%～101%。

4. 干扰和排除：二氧化硫共存时，测定结果偏低。可将气样先通过硫酸锰滤纸过滤器，予以排除。

硫酸锰滤纸的制备方法：取 10 mL 浓度为 100 mg/mL 的硫酸锰水溶液，滴加到 250 cm^2 玻璃纤维滤纸上，风干后切成碎片，装入 1.5 m×150 mm 的 U 形玻璃管中。采样时，将此管接在甲醛吸收管之前。此法制成的硫酸锰滤纸有吸收二氧化硫的功效，受大气湿度影响很大。当相对湿度大于 88%，采气速度为 1 L/min，二氧化硫浓度为 1 mg/m^3 时，能消除 95%以上的二氧化硫，此滤纸可维持 50 h 有效。当相对湿度为 15%～35%时，吸收二氧化硫的效能逐渐降低。所以相对湿度很低时，应换新制的硫酸锰滤纸。

(七)思考题

1. 二氧化硫会对甲醛的测定产生什么样的干扰？如何消除？

2. 硫酸铁铵的作用是什么？

二、气相色谱法测定室内空气中甲醛的含量

(一)实验目的

1. 掌握气相色谱法测定大气中甲醛的原理和方法。

2. 掌握气相色谱法的使用方法。

(二)实验原理

空气中的甲醛在酸性条件下吸附在涂有2,4-二硝基苯肼(2,4-DNPH)的6201担体上，生成稳定的甲醛腙。用二硫化碳洗脱后，经OV色谱柱分离，用氢焰离子化检测器测定，以保留时间定性，以峰高(峰面积)定量。

(三)仪器与试剂

1. 仪器

(1)采样管：内径5 mm，长100 mm玻璃管，内装150 mg吸附剂，两端用玻璃棉堵塞，用胶帽密封，备用。

(2)空气采样器：流量范围为0.2～10 L/min，流量稳定。采样前和采样后用皂膜流量计校准采样系统的流量，误差小于5%。

(3)具塞比色管：5 mL。

(4)微量注射器：10 μL，体积刻度应校正。

(5)气相色谱仪：带氢火焰离子化检测器。

(6)色谱柱：长2 m，内径3 mm的玻璃柱，内装固定相(OV-1)，色谱单体Shimatew(80～100目)。

2. 试剂

本法所用试剂纯度为分析纯；水为二次蒸馏水。

(1)二硫化碳：需重新蒸馏进行纯化。

(2)2,4-DNPH溶液：称取0.5 mg 2,4-DNPH于250 mL容量瓶中，用二氯甲烷稀释到标线。

(3)2 mol/L盐酸溶液。

(4)吸附剂：10 g 6201担体(60～80目)，用40 mL 2,4-DMPH二氯甲烷饱和溶液分两次涂敷，减压，干燥，备用。

(5)甲醛标准溶液：配制和标定方法见酚试剂分光光度法。

(四)实验步骤

1. 样品采集

取一支采样管，用前取下胶帽，拿掉一端的玻璃棉，加一滴(约50 μL)2 mol/L盐酸溶液后，再用玻璃棉堵好。将加入盐酸溶液的一端垂直朝下，另一端与采样进气口相连，以0.5 L/min的速度，抽气50 L。采样后，用胶帽套好，并记录采样点的温度和大气压力。

2. 气相色谱测试条件

分析时，应根据气相色谱仪的型号和性能，制定能分析甲醛的最佳测试条件。下面所列举的测试条件是一个实例。

色谱柱：柱长2 m，内径3 mm的玻璃管，内装OV-1＋Shimalite W担体；柱温：230 ℃；检测室温度：260 ℃；汽化室温度：260 ℃；载气(N_2)流量：70 mL/min；氢气流量：40 mL/min；空气流量：450 mL/min。

3. 绘制标准曲线和测定校正因子

标准曲线的绘制：取 5 支采样管，各管取下一端玻璃棉，直接向吸附剂表面滴加一滴（约 50 μL）2 mol/L 盐酸溶液。然后，用微量注射器分别准确加入甲醛标准溶液（1.00 mL 含 1 mg 甲醛），制成在采样管中的吸附剂上甲醛含量在 0～20 μg 有 5 个浓度点的标准管，填上玻璃棉，反应 10 min。再将各标准管内吸附剂分别移入 5 个 5 mL 具塞比色管中，各加入 1.0 mL 二硫化碳，稍加振摇，浸泡 30 min，即为甲醛洗脱溶液标准系列。然后，取 5.0 μL 各个浓度点的标准洗脱液，进色谱柱，得色谱峰和保留时间。每个浓度点重复做 3 次，测量峰高（峰面积）的平均值。以甲醛的浓度（μg/mL）为横坐标，平均峰高或峰面积为纵坐标，绘制标准曲线，并计算回归线的斜率。以斜率的倒数作为样品测定的计算因子 B_s。

测定校正因子：在测定范围内，可用单点校正法求校正因子。在样品测定同时，分别取试剂空白溶液与样品浓度相接近的标准管洗脱溶液，按气相色谱最佳测试条件进行测定，重复做三次，得峰高（峰面积）的平均值和保留时间。按下式计算校正因子：

$$f = \frac{c_0}{(h - h_0)}$$

式中：f ——校正因子，μg/(mL·mm)；

c_0 ——标准溶液浓度，μg/mL；

h ——标准溶液平均峰高，mm；

h_0 ——试剂空白溶液平均峰高，mm。

4. 样品测定

采样后，将采样管内吸附剂全部移入 5 mL 具塞比色管中，加入 1.0 mL 二硫化碳，稍加振摇，浸泡 30 min。取 5.0 μL 洗脱液，按绘制标准曲线或测定校正因子的操作步骤进样测定。每个样品重复三次，用保留时间确认甲醛的色谱峰，测量其峰高，得峰高的平均值（mm）。

在每批样品测定的同时，取未采样的采样管，按相同操作步骤作试剂空白的测定。

（五）结果分析

1. 用标准曲线法按下式计算空气中甲醛的浓度：

$$c = \frac{(h - h_0) \times B_s \times V_1}{V \times E_s}$$

式中：c ——空气中甲醛浓度，mg/m^3；

h ——样品溶液峰高的平均值，mm；

h_0 ——试剂空白溶液峰高的平均值，mm；

B_s ——用标准溶液制备标准曲线得到的计算因子，μg/mL·mm；

V_1 ——样品洗脱溶液总体积，mL；

E_s ——由实验确定的平均洗脱效率；

V_0 ——换算成标准状况下的采样体积，L。

2. 用单点校正法按下式计算空气中甲醛的浓度：

$$c = \frac{(h - h_0) \times f \times V_1}{V \times E_s}$$

式中：f——用单点校正法得到的校正因子，μg/(mL·mm)；其他符号同上式。

(六)注意事项

(1)检出下限浓度和测定范围：若以 0.2 L/min 流量，采气 20 L 时，检出下限浓度为 0.01 mg/m^3；其测定范围为 0.02～1 mg/m^3。

(2)精密度：甲醛浓度为 20 μg/mL 和 40 μg/mL 的标准溶液，进样 10 μL 时，其重复测定的相对标准差分别为 8%和 9%。

(3)准确度：将甲醛溶液为 20 μg/mL、30 μg/mL 和 40 μg/mL 的标准溶液，各加 10 μL 于样品管中，测定其回收率分别为 105%、112%和 98%。

(4)干扰和排除：使用本法所列举的气相色谱条件，空气中的醛酮类化合物可以分离，二氧化硫及氮氧化物无干扰。

实验二十三　环境空气氟化物的测定——滤膜采样氟离子选择电极法

氟是最活跃的非金属元素，自然界分布较广泛，大气中的气态氟化物主要是氟化氢，也可能是少量氟化硅（SiF_4）和氟化碳（CF_4）。含氟粉尘主要是冰晶石（Na_3AlF_6）、萤石（CaF_2）、氟化铝（AlF_3）、氟化钠及磷灰石[$3Ca_3(PO_4)_2 \cdot CaF_2$]等。氟化物污染主要来源于铝冰晶石和磷肥厂、用硫酸处理萤石及制造和使用氟化物、氢氟酸等排放或逸散的气体或粉尘。氟化物属高毒类物质，由呼吸道进入人体，会引起黏膜刺激、中毒等症状，并能影响各组织和器官的正常生理功能。

目前，环境空气中氟化物的检测因采样方法不同可分为滤膜法和石灰滤纸法，样品采集后可利用离子选择电极法测定。

实验二十三
相关国标

一、实验目的

1. 掌握滤膜采样氟离子选择电极法测定大气中氟化物的方法。
2. 掌握大气中氟化物的污染评价。

二、实验原理

已知体积的空气通过两层串联的滤膜时，其中颗粒物被第一层加热干燥的滤膜阻留，气态氟则被第二层浸染氢氧化钠溶液的滤膜采集。被滤膜收集的氟化物，溶解在缓冲溶液中制成样品溶液，以氟离子选择电极测量电位值，其电位与氟离子活度的对数呈线性关系。通过一次标准加入法计算样品溶液中的氟离子含量。

空气中的氟化物与滤膜上的磷酸氢二钾反应后被固定：$K_2HPO_4 + HF \longrightarrow KH_2PO_4 + KF$，滤膜用盐酸溶液浸染后，当氟电极与含氟溶液接触时，电池的电动势（E）随溶液中氟离子活跃度的变化而变化（遵守能斯特方程）即：$E = E^{\ominus} - (2.303 \times R \times T)/F \times \lg[c(F^-)]$

E 与 $\lg[c(F^-)]$ 呈直线关系，(2.303 RT)/F 为该直线斜率。

三、仪器与试剂

(一)仪器

1. 采样器

中流量采样泵，采样气态氟化物通过两层串联带支撑滤膜的聚乙烯网垫，采样头有效直径为 80 mm，可以安装直径为 92 mm 的滤膜。

2. 离子活度计或精密酸度计

分辨率为 0.1 mV。

3. 氟离子选择电极

(1)测量氟离子浓度范围：$10^{-5} \sim 10^{-1}$ mol/L。

(2)测定曲线斜率：在 t ℃下，为$(54 + 0.2t)$ mV。

4. 甘汞电极

盐桥溶液为饱和氯化钾。

5. 磁力搅拌器

具聚乙烯包裹的搅拌子。

6. 小型超声波清洗器。

7. 聚乙烯塑料烧杯：100 mL

8. 聚乙烯塑料瓶：100，1000 mL

9. 乙酸-硝酸纤维滤膜

孔径 5 μm，直径与采样头配套。

10. 磷酸氢二钾浸染滤膜

将乙酸-硝酸纤维微孔滤膜放入磷酸氢二钾浸染液中浸染后，沥干（每次用少量浸染液，浸染 4～5 张滤膜后，换新的浸渍液），摊放在大张定性滤纸上（干净、无氟，不能用玻璃板或搪瓷盘摊放）；于 40 ℃下烘干（应在无氟空气中进行），装入塑料袋中，密封好放入干燥器中备用（干燥器中不加入干燥剂）。

（二）试剂

实验用水为新制备的去离子水或蒸馏水。

1. 盐酸溶液 $c(HCl)=2.5$ mol/L

取 1000 mL 水，加入 20.8 mL 盐酸（优级纯，$\rho=1.18$ g/mL），搅拌均匀。

2. 氢氧化钠溶液 $c(NaOH)=2.5$ mol/L

称取 100.0 g 优级纯氢氧化钠，溶于水，冷却后稀释至 1000 mL。

3. 氢氧化钠溶液 $c(NaOH)=5.0$ mol/L

称取 100.0 g 优级纯氢氧化钠，溶于水，冷却后稀释至 500 mL。

4. 磷酸氢二钾浸渍液

称取 76.0 g 磷酸氢二钾（$K_2HPO_4 \cdot 3H_2O$）溶于水，移入 1000 mL 容量瓶中，用水定容至标线，摇匀。

5. 总离子强度调节缓冲溶液（TISAB）

（1）总离子强度调节缓冲溶液Ⅰ（TISABⅠ）：称取 58.0 g 氯化钠，10.0 g 柠檬枸橼酸钠，量取冰乙酸 50 mL，加水 500 mL。溶解后，加氢氧化钠溶液［$c(NaOH)=5.0$ mol/L］135 mL，调节溶液 pH 为 5.2，转移到 1000 mL 容量瓶中，加水定容至标线，摇匀。

（2）总离子强度调节缓冲溶液Ⅱ（TISABⅡ）：称取 142 g 六次甲基四胺 $(CH_2)_6N_4$ 和 85 g 硝酸钾（KNO_3）、9.97 g 钛铁试剂（$C_6H_4Na_2O_8S_2 \cdot H_2O$），加水溶解，调节 pH5～6，转移到 1000 mL 容量瓶中，用水稀释至标线，摇匀。

注：当试样成分复杂、偏酸（pH≈2）或者偏碱（pH≈12），可用 TISABⅡ配方。

6. 氟化钠标准贮备溶液 ρ(NaF)=1000 μg/mL

称取 0.2210 g 氟化钠(优级纯,于110 ℃烘干 2 h 放在干燥器中冷却至室温),溶解于水中,移入 100 mL 容量瓶中。用水定容至标线,摇匀。贮于聚乙烯瓶中,冰箱中保存,临用时取出,放至室温。

7. 氟化钠标准使用液

将氟化钠标准贮备溶液用水稀释成 2.5,5.0,10.0,25.0,50.0,100.0 μg/mL 的标准溶液,临用现配。贮于聚乙烯塑料瓶中。

8. 乙酸-硝酸纤维微孔滤膜

孔径 5 μm,直径 92 mm。

9. 磷酸氢二钾浸渍滤膜

将乙酸-硝酸纤维微孔滤膜放入磷酸氢二钾浸渍液中浸湿后,沥干(每次用少量浸渍液,以能没过滤膜为准,浸渍 4~5 张滤膜后,更换新的浸渍液)。摊放在干净、无氟的定性滤纸上(不能直接用玻璃板或搪瓷盘摊放),于 40 ℃以下烘干,装入塑料盒(袋)中,密封后放入干燥器中备用(干燥器中不加干燥剂)。

10. 无氟水

在每升蒸馏水中加入 1 g 氢氧化钠及 0.1 g 氯化铝进行重蒸馏,取其中间蒸馏部分的水,即为无氟水,

11. 滤料

乙酸纤维和硝酸纤维的混合滤料,直径约为 40 mm,孔径为 2~3 μm,作为第一层滤料采集颗粒物;直径约为 40 mm、孔径为 5 μm 浸有氢氧化钠的醋酸纤维和硝酸纤维的混合滤料,作为第二层滤料采集颗粒态氟。

12. 浸渍滤膜

要求每张滤膜的空白值平均含氟量低于 0.2 μg。

四、实验步骤

(一)样品的采集和保存

各种采样器均应在采样前进行气密性检查和流量校准。

1. 样品采集

采样时,在滤膜夹中装入两张磷酸氢二钾浸渍滤膜,中间用 2~3 mm 厚的滤膜垫圈隔开(图 3-2),以 100~120 L/min 流量(气流线速约为 0.3~0.4 m/s)采气10 m^3 以上,根据使用的仪器性能设计采样记录(应包括开始和结束时的采样时间、流量或采样体积、风向、风速、气温、气压、采样点、样品编号等)并记录。采样后,用干净镊子将样品膜取出,对折放入塑料袋(盒)中,密封好,带回实验室。

采集后的样品贮存在实验室干燥器(干燥器内不加干燥剂)中,必须在 40 d 内完成分析。

2. 空白试验

以浸渍后的空白滤膜代替样品,带到现场,与样品在相同的条件下保存,运输,直至送交

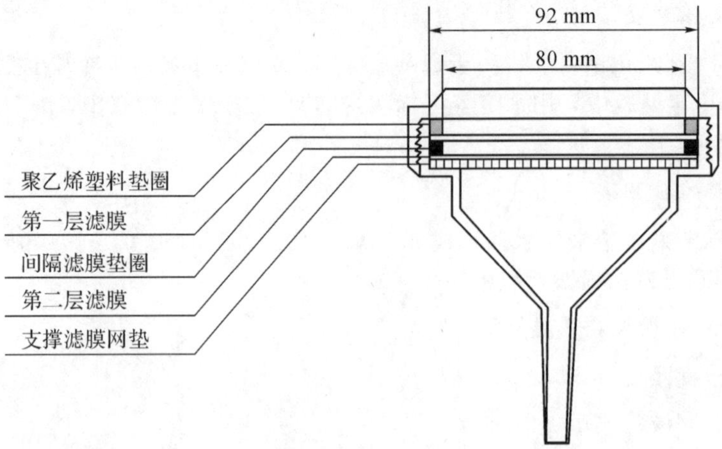

图 3-2 滤膜采样头装置

实验室分析，运输过程中应注意防止沾污。

将现场空白和实验室空白滤膜的测量结果相对照，若现场空白与实验室空白相差过大，需查找原因，重新采样。

要求每次采样至少做两个现场空白。

(二)标准曲线的绘制

1. 取 6 个 100 mL 聚乙烯塑料杯，按表 3-4 配制标准系列，也可根据实际样品浓度配制，不得少于 6 个点。分别取 2.00 mL 的 6 种标准使用液，依次加入盐酸溶液 20.00 mL、氢氧化钠溶液(1.0 mol/L)5.00 mL、TISAB 溶液 10.00 mL、无氟水 3.00 mL，氟离子含量依次为 5.0，10.0，20.0，50.0，100.0，200.0 μg。

表 3-4 标准溶液配制系列

溶液	杯号					
	1	2	3	4	5	6
F^- 标准使用液浓度/(μg/mL)	2.00	5.00	10.00	25.00	50.00	100.00
标准使用液体积/mL	2.00	2.00	2.00	2.00	2.00	2.00
盐酸溶液(2.5 mol/L)/mL	20.00	20.00	20.00	20.00	20.00	20.00
氢氧化钠溶液(1.0 mol/L)/mL	5.00	5.00	5.00	5.00	5.00	5.00
TISAB 溶液/mL	10.00	10.00	10.00	10.00	10.00	10.00
水/mL	3.00	3.00	3.00	3.00	3.00	3.00
F^- 含量/μg	5.00	10.00	20.00	50.00	100.00	200.00

2. 将离子活度计接通，并按要求将清洗好的氟离子选择电极及甘汞电极插入制备好的待测液中。插入电极前不要搅拌溶液，以免使电极表面附着气泡，影响测定的准确度。测定从低浓度到高浓度逐个进行。在磁力搅拌器上搅拌数分钟，磁力搅拌时间应一致，并且搅拌速度要适中、稳定。待读数稳定后(即每分钟电极电位变化小于 0.2 mV)停止搅拌，静置后

读取毫伏值，同时记录测定时的温度。（注：溶液温度控制在 15～35 ℃，保证氟离子选择电极工作正常）。

以氟含量的对数及其对应的毫伏值进行回归，要求相关系数 r 的绝对值大于 0.999，斜率符合（54+0.2 t ）mV；或在半对数坐标纸上，以对数坐标表示氟含量（μg），以等距坐标表示毫伏值，绘制校准曲线。

（三）试样的制备

将样品膜剪成小碎块（约为 5 mm×5 mm），放入 100 mL 聚乙烯塑料杯中，加盐酸溶液（2.5 mol/L）20.00 mL，在超声波清洗器中提取 30 min，取出，待溶液温度冷却至室温，再加入氢氧化钠溶液（1.0 mol/L）5.00 mL，TISAB 溶液 10.00 mL 及水 5.00 mL，总体积 40.00 mL，放置 3 h 后测定，放置时间不应超过 5 h。

（四）空白试验

空白值的不稳定会直接影响测定结果的准确性，因此每批乙酸-硝酸纤维滤膜都应做空白试验。

抽取未经采样的磷酸氢二钾浸渍滤膜 4～5 张，剪成小碎块（约为 5 mm×5 mm），放入 100 mL 聚乙烯塑料杯中，加入 0.50 mL 的氟化钠标准溶液（10.0 μg/mL），制备试样（注意无氟水加入量为 4.50 mL），读取毫伏值，根据回归方程计算氟含量或从标准曲线上查得氟含量，空白滤膜氟含量为测定值（μg）减去加入的标准氟含量 5 μg，取其平均值为空白滤膜的氟含量（空白滤膜的氟含量每张不应超过 1 μg）。

（五）样品测定

处理好的试样测定方法与绘制校准曲线相同。读取毫伏值后，根据回归方程式计算氟含量或从标准曲线上查得氟含量。样品测定应与校准曲线绘制同时进行，测定样品时的温度与绘制校准曲线时的温度之差不应超过±2 ℃。

五、结果分析

空气中氟化物的质量浓度 ρ：

$$\rho=\frac{W_1+W_2-W_0}{V_0}$$

式中：ρ——空气中氟化物的质量浓度，μg/m³；

W_1+W_2——测得的两层滤膜样品的氟含量，μg；

W_0——实验室空白滤膜平均氟含量，μg；

V_0——标准状态下的采样体积，m³。

六、注意事项

（1）不得用手指触摸电极的膜表面，为了保护电极，试样中氟的测定浓度最好不要大于 40 mg/L。如果电极的膜表面被有机物等沾污，必须先清洗干净后才能使用。清洗可用甲醇、丙酮等有机试剂，亦可用洗涤剂。例如，可将电极浸入温热的稀洗涤剂（1 份洗涤剂加 9

份水)，保持 3～5 h。必要时，可再放入另一份稀洗涤剂中，然后用水冲洗，再在(1+1)的盐酸中浸 30 s，最后用水冲洗干净，用滤纸吸去水分。

(2)干扰及消除：在测定体系中有 Si^{4+}、Fe^{3+}、Al^{3+} 存在，其浓度不超过 20 mg/L 时，产生的干扰可采用加入总离子强度调节缓冲液来消除。

七、思考题

1. 比较滤膜与滤纸采样之间的区别，不同的方法对测定结果有影响吗？

2. 测定大气中氟化物的方法有吸光光度法、滤膜(或滤纸)采样-氟离子选择电极法等，简述它们的测定原理并比较这些方法的优缺点。

实验二十四　环境空气苯系物的测定——活性炭吸附二硫化碳解吸-气相色谱法

苯系化合物的来源主要有化工、炼油、炼焦等工业废水和废弃物，由于它的种类很多，一般主要测定的是苯、甲苯、乙苯、二甲苯等化合物。苯、甲苯、乙苯、二甲苯都是无色、有芳香味、有挥发性、易燃的液体，微溶于水，它们易溶于乙醚、乙醇、氯仿和二硫化碳等有机溶剂，在空气中是以蒸气状态存在的。对于多个苯系化合物，目前广泛应用气相色谱法进行测定，特点是可以同时测定，灵敏度高。方法是采用活性炭吸附管富集空气中的苯、甲苯、乙苯、二甲苯，用二硫化碳解吸后，用气相色谱仪进行定性、定量分析。

实验二十四
相关国标

一、实验目的

1. 掌握气相色谱法的分离和测定原理。
2. 了解各种测定苯系化合物的方法。

二、实验原理

气相色谱法以气体作为流动相，当它携带欲分离的混合物经固定相时，由于混合物中各组分的性质不同，与固定相作用的程度也有所不同，所以组分在两相间具有不同的分配系数，经过多次的分配之后，各组分在固定相中的滞留时间有长有短，从而使各组分依次先后流出色谱柱而得到分离。

三、仪器与试剂

(一)仪器

1. 气相色谱仪：具有氢焰离子化检测器。
2. 流量 0～1 L/min 空气采样器。
3. 活性炭吸附管长 10 cm，内径 20～50 目，颗粒状活性炭 0.5 g(活性炭预先在 350 ℃灼烧灼烧 3 h，放冷后备用)，分 A、B 两段，中间用玻璃棉隔开。
4. 容量瓶。

(二)试剂

1. 二硫化碳(分析纯)。使用前须纯化，并经色谱检验，无干扰峰方可。
2. 标准化合物储备液。苯、甲苯、乙苯、二甲苯均为色谱纯，配置每毫升含标准化合物 5～10 μg。

四、实验步骤

(一)采样

用乳胶管将活性炭吸附管 B 端与空气采样器连接并垂直放置。以 0.5 L/min 流量采集气体 10 L，取下采样管后两端用乳胶管密封。

（二）苯系化合物标准

标准化合物储备液再分别配制成含苯、甲苯浓度为 2，4，6，8 μg/mL，含乙苯、对二甲苯、邻二甲苯、间二甲苯浓度为 4，8，12，16，20 μg/mL 的系列标准液，取标准液 2.00 mL 放入 5 mL 的容量瓶中，加入 0.25 g 活性炭，振摇 2 min，再放置 20 min 后取 2.00～5.00 μL，进样分析。

（三）样品萃取

将采样管 A、B 两段的活性炭，分别移入 2 只 5 mL 的容量瓶中，加入 2.00 mL 的 CS_2，振摇 2 min 再放置 20 min 后，取 2.00～5.00 μL 进样分析。

（四）气相色谱测定

用注射器抽取 2 μL 标准系列液注入色谱仪，分别测定苯、甲苯、乙苯、对二甲苯、间二甲苯、邻二甲苯的峰高（或面积）值，记录保留时间，再用注射器抽取 2 μL 萃取的试样注入色谱仪，测量其峰高值及保留时间。

五、结果分析

（一）气相色谱的测试条件

1. 色谱柱：PEG-600。长 3 m，内径 4 mm 的不锈钢柱。
2. 温度：柱温 90 ℃，检测器 150 ℃，气化室 200 ℃。
3. 气体流速：氮气 25 mL/min，空气 300 mL/min，氢气 30 mL/min。

（二）标准曲线的绘制

进样分析后以保留时间、峰高（或面积）定性。再从标准曲线上读取对应样品峰值的含量值。

按下列公式计算：

$$C_i = \frac{W_1 + W_2}{V_n}$$

式中：C_i ——样品中的 i 组分含量，mg/m^3；

W_1 ——A 段活性炭解析液中该组分含量，μg；

W_2 ——B 段活性炭解析液中该组分含量，μg；

V_n ——标准状况下的采样体积，L。

六、注意事项

1. 本法同样适用于丙酮、苯乙烯、乙酸乙酯、乙酸丁酯、乙酸戊酯的测定。
2. 分析时色谱条件应根据色谱仪的条件进行设置，色谱柱也可采用毛细管柱，这时需要注意的是进样量，进样量需要减少。
3. 应注意取样和进样量必须准确。

七、思考题

1. 实验中为什么应注意取样和进样量的准确？如果用内标法呢？

2. 在测定苯系化合物时，是否还有其他采样方法？它们各有哪些特点？

实验二十五　环境空气挥发性有机化合物的测定——吸附管采样-热脱附气相色谱-质谱法

室内空气中总挥发性有机化合物(TVOC)是指室温下饱和蒸气压超过 133.32 kPa 的有机物,如苯、卤代烃、氧烃等。VOCs 和甲醛是人们关注的室内空气污染的主要有机物,具有毒性和刺激性,有的还有致癌作用,主要来自燃料的燃烧、烹调油烟和装饰材料、家具、日用生活化学品释放的蒸气,以及室外污染空气的扩散。这些有机物浓度虽低,但释放时间长,对人体健康潜在性威胁大。

一、实验目的

1. 了解 VOCs 的成分、特点。
2. 以苯系物为代表了解气相色谱法测定环境中 VOCs 的原理,掌握其基本操作。

二、实验原理

选择合适的吸附剂(Tenax GC 或 Tenax TA),用吸附管采集一定体积的空气样品,使空气中的 VOCs 保留在吸附管中。采样后,将吸附管加热,解吸挥发性有机化合物,待测样品随惰性载气进入毛细管气相色谱仪。用保留时间定性,峰高或峰面积定量。活性炭对于有机物具有较强的吸附能力,而二氧化硫能将其有效地洗脱下来。本实验将空气中苯、甲苯、乙苯、二甲苯等挥发性有机物吸附在活性氧采样管上,用二氧化硫洗脱后,经气相色谱火焰离子化检测器测定,以保留时间定性,峰高(或峰面积)外标法定量。

三、仪器与试剂

(一)仪器

1. 吸附管

外径 6.3 mm,内径 5 mm,长 90 mm(或 180 mm),内壁抛光的不锈钢管,吸附管的采样入口一端有标记。吸附管可以装填一种或多种吸附剂,应使吸附层处于解吸仪的加热区。根据吸附剂的密度,吸附管中可装填 200～1000 mg 吸附剂,管的两端用不锈钢网或玻璃纤维毛堵住。如果在一支吸附管中使用多种吸附剂,吸附剂应按吸附能力增加的顺序排列,并用玻璃纤维毛隔开,吸附能力最弱的装填在吸附管的采样入口端。

2. 注射器

10 μL 液体注射器;10 μL 气体注射器;1 mL 气体注射器。

3. 采样泵

恒流空气个体采样泵,流量范围 0.02～0.5 L/min,流量稳定。使用时用皂膜流量计校准采样系统在采样前和采样后的流量。流量误差应小于 5%。

4. 气相色谱仪

配备氢火焰离子化检测器、质谱检测器或其他合适的检测器。色谱柱:非极性(极性指数小于 10)石英毛细管柱。

5. 热解吸仪

能对吸附管进行二次热解吸，并将解吸气用惰性气体载带进入气相色谱仪。解吸温度、时间和载气流速是可调的。冷阱可将解吸样品进行浓缩。

6. 液体外标法制备标准系列的注射装置

常规气相色谱进样口，可以在线使用也可以独立装配，保留进样口载气连线，进样口下端可与吸附管相连。

(二)试剂

1. VOCs，为了校正浓度，需用 VOCs 作为基准试剂，配成所需浓度的标准溶液或标准气体，然后采用液体外标法或气体外标法将其定量注入吸附管。

2. 稀释溶剂，液体外标法所用的稀释溶剂应为色谱纯，在色谱流出曲线中应与待测化合物分离。

3. 吸附剂，使用的吸附剂粒径为 0.18～0.25 mm(60～80 目)，吸附剂在装管前都应在其最高使用温度下，用惰性气流加热活化处理过夜。为了防止二次污染，吸附剂应在清洁空气中冷却至室温，储存和装管。解吸温度应低于活化温度。由制造商装好的吸附管使用前也需活化处理。

4. 高纯氮，氮的质量分数为 99.999%。

5. 苯、甲苯、乙苯、邻二甲苯、对二甲苯、间二甲苯均为色谱纯试剂。

6. 二硫化碳使用前需纯化，并经色谱检验。进样 5 μL 在苯与甲苯峰之间不出峰方可使用。

7. 苯系物标准储备液，分别吸取苯、甲苯、乙苯和邻二甲苯、间、对二甲苯各 10.0 μL 至装有 90 mL 二硫化碳的 100 mL 容量瓶中，用二硫化碳稀释至标线，再取上述标液 10.0 mL 至装有 80 mL 二硫化碳的 100 mL 容量瓶中，并稀释至标线，摇匀。此储备液含苯 8.8 μg/mL、乙苯 8.7 μg/mL、甲苯 8.7 μg/mL、对二甲苯 8.6 μg/mL、间二甲苯 8.7 μg/mL、邻二甲苯 8.8 μg/mL，在 4 ℃可保存一个月。

储备液中苯系物含量计算公式如下：

$$\rho(\text{苯系物})=\frac{10\times10\times\rho\times10^{5}}{10^{5}\times100}$$

式中：ρ(苯系物)——苯系物浓度，μg/mL；

ρ——苯系物的密度，g/mL。

实验二十五
相关国标

四、实验步骤

(一)采样和样品保存

将吸附管与采样泵用塑料或硅橡胶管连接。个体采样时，采样管垂直安装在呼吸带；固定位置采样时，选择合适的采样位置。打开采样泵，调节流量，以保证在适当的时间内获得所需的采样体积(1～10 L)。如果总样品量超过 1 mg，采样体积应相应减少。

记录采样开始和结束时的时间、采样流量、温度和大气压力。采样后将管取下，密封管的两端或将其放入可密封的金属或玻璃管中。样品可保存 14 d。

(二)样品的解吸和浓缩

将吸附管安装在热解吸仪上，加热，使有机蒸气从吸附剂上解吸下来，并被载气流带入冷阱，进行预浓缩，载气流的方向与采样时的方向相反。再以低流速快速解吸，经传输线进入毛细管气相色谱仪。传输线的温度应足够高，以防止待测成分凝结。解吸条件见表 3-5。

表 3-5 解吸条件

解吸温度	250～325 ℃
解吸时间	5～15 min
解吸气流量	30～50 mL/min
冷阱的制冷温度	－180～20 ℃
冷阱的加热温度	250～350 ℃
冷阱中的吸附剂	如果使用，一般与吸附管相同，40～100 mg
载气	氦气或高纯氮气
分流比	样品管和二级冷阱之间以及二级冷阱和分析柱之间的分流比应根据空气中的浓度来选择

(三)色谱分析条件

可选择膜厚度为 1～5 μm，50 m×0.22 mm 的石英柱，固定相可以是二甲基硅氧烷或 70％的氰基丙烷、70％的苯基、86％的甲基硅氧烷。柱操作条件为程序升温，初始温度 50 ℃保持 10 min，以 5 ℃/min 的速率升温至 250 ℃。

(四)标准曲线的绘制

气体外标法：用泵准确抽取 100 μg/m^3 的标准气体 100 mL、200 mL、400 mL、1 L、2 L、4 L、10 L 通过吸附管，为标准系列。

液体外标法：分别取 1～5 μL 含液体组分 100 μg/mL 和 10 μg/mL 的标准溶液注入吸附管，同时用 100 mL/min 的惰性气体通过吸附管，5 min 后取下吸附管密封，为标准系列。

用热解吸气相色谱法分析吸附管标准系列，以扣除空白后峰面积为纵坐标，以待测物质量为横坐标，绘制标准曲线。

(五)样品分析

每支样品吸附管按绘制标准曲线的操作步骤(即相同的解吸和浓缩条件及色谱分析条件)进行分析，用保留时间定性，峰面积定量。

五、结果分析

(一)采样体积换算

将采样体积按下式换算成标准状态下的采样体积，计算公式如下：

$$V_0 = \frac{V_t \times T_0 \times p}{(273 + t) \times p_0}$$

式中：V_0 ——标准状态下的采样体积，L；

V_t ——采样体积＝采样流量(L/min)×采样时间(min)，L；

t ——采样点的气温，℃；

T_0 ——标准状态下的绝对温度 273 K；

p ——采样点的大气压力，kPa；

p_0 ——标准状态下的大气压力，101 kPa。

(二)TVOC 的计算

(1)应对保留时间在正己烷和正十六烷之间的所有化合物进行分析。

(2)计算 TVOC，包括色谱图中从正己烷到正十六烷之间的所有化合物。

(3)根据单一的校正曲线，对尽可能多的 VOCs 定量，至少应对 10 个最高峰进行定量，最后与 TVOC 一起列出这些化合物的名称和浓度。

(4)计算已鉴定和定量的 VOCs 的浓度 S_{id} 。

(5)用甲苯的响应系数计算未鉴定的挥发性有机化合物的浓度 S_{un} 。

(6) S_{id} 与 S_{un} 之和为 TVOC 浓度或 TVOC 的值。

(7)如果检测到的化合物超出了 TVOC 定义的范围，那么这些信息应该添加到 TVOC 值中。

(三)空气样品中待测组分的浓度计算

空气样品中待测组分浓度计算公式如下

$$c = \frac{F - B}{V_0}$$

式中：c ——空气样品中待测组分的浓度，$\mu g/m^3$；

F ——样品管中组分的质量，μg；

B ——空白管中组分的质量，μg；

V_0 ——标准状态下的采样体积，L。

六、注意事项

1. 本法检出限

苯 1.2 ng；甲苯 1.00 ng；二甲苯(包括邻、间、对)以及乙苯均为 2.50 ng。当采样体积为 100 L 时，最低检出浓度苯为 0.005 mg/m^3；甲苯为 0.004 mg/m^3，二甲苯(包括邻、间、对)及乙苯均为 0.010 mg/m^3。

2. 检测下限

采样量为10 L时，检测下限为0.5 μg/m³。

3. 精密度

根据待测物的不同，在吸附管上加入10 μg的标准溶液，Tenax TA的相对标准差范围为0.4%～2.8%。

4. 准确度

20 ℃、相对湿度为50%的条件下，在吸附管上加入10 mg/m³的正己烷，Tenax TA、Tenax GR(5次测定的平均值)的总不确定度为8.9%。

5. 干扰和排除

采样前处理活化采样管和吸附剂，使干扰减到最小；选择合适的色谱柱和分析条件，本法能将多种挥发性有机物分离，使共存物干扰问题得以解决。

6. 测定范围

本法适用于浓度为0.5 μg/m³～100 mg/m³的空气中VOCs的测定。

七、思考题

1. 根据测定结果，评价环境空气中VOCs(苯系物)的污染状况。
2. 采样管为何用A、B两段活性炭并分别测定？如何据此评价采样效率？
3. 除气相色谱外，还有哪些方法可以测定VOCs？它们各有哪些特点？

实验二十六　环境空气和废气中氨的测定——水杨酸分光光度法

氨是一种无色且具有强烈刺激性臭味的气体，比空气轻（比重为 0.5），可感觉最低浓度为 5.3 ppm。冬季施工常常在混凝土墙体中加入以尿素和氨水为主要原料的外加剂对混凝土进行防冻保护。这些添加剂在墙体中会随环境因素的变化而被还原成氨气并从墙体中缓慢释放出来，造成室内空气中氨浓度的增加。短期内吸入大量氨气后可出现流泪、咽痛、声音嘶哑、咳嗽、痰带血丝、胸闷、呼吸困难，可伴有头晕、头痛、恶心、呕吐、乏力等症状，严重者可发生肺水肿、成人呼吸窘迫综合征，同时可能发生呼吸道刺激症状。

空气中氨的测定方法：纳氏试剂比色法；离子选择电极法；次氯酸钠-水杨酸分光光度法等。

一、实验目的

掌握次氯酸钠-水杨酸分光光度法测室内空气中氨浓度的方法。实验学时为 4 h。

二、实验原理

空气中的氨吸收在稀硫酸中，在亚硝基铁氰化钠及次氯酸钠存在下，可与水杨酸反应生成蓝绿色的靛酚蓝染料，根据着色深浅，即可比色定量得到空气中氨的浓度。该方法检出限为 0.1 mg/10 mL，当采样体积为 20L 时，最低检出浓度为 0.007 mg/m^3。

三、仪器与试剂

（一）仪器

1. 大型气泡吸收管

有 10 mL 刻度线，出气口内径为 1 mm，与管底距离应为 3～5 mm。

2. 空气采样器

流量范围为 0～10 L/min，流量稳定。使用前后，用皂膜流量计校准采样系统的流量，误差应小于 50%。

3. 具塞比色管

10 mL。

4. 分光光度计

722 型，测定波长为 697.5 nm，狭缝小于 20 nm。

（二）试剂

本方法所用的试剂均为分析纯。水为无氨蒸馏水，制备方法为：于普通蒸馏水中，加少量高锰酸钾至溶液呈浅紫色，再加少量氢氧化钠至溶液呈碱性。蒸馏，取蒸馏中间部分的水，加少硫酸溶液至溶液呈微酸性，再蒸馏一次。

1. 吸收液[$c(H_25O_4)=0.005$ mol/L]

量取 2.8 mL 浓硫酸，边搅拌边缓慢加入水中，稀释至 1 L。临用时再稀释 10 倍。

2. 氢氧化钠溶液[c (NaOH)=5 mol/L]

称取 100 g 氢氧化钠,溶于水,冷却后稀释至 500 mL。

3. 水杨酸-酒石酸钾钠溶液

称取 10.0 g 水杨酸[$C_6H_4(OH)COOH$],置于 150 mL 烧杯中,再加入 5 mol/L 氢氧化钠溶液 15 mL,充分搅拌至完全溶解。称取 10.0 g 酒石酸钾钠溶液[$KNaC_4H_4O_6 \cdot 4H_2O$]。加水约 100 mL,加热沸腾至体积剩余一半以除去氨。冷却后,与上述溶液合并,用水稀释至 200 mL,混匀。室温下可稳定 1 个月。

4. 亚硝基铁氰化钠溶液

称取 0.10 g 亚硝基铁氰化钠 $Na_2[Fe(CN)_5NO] \cdot 2H_20$,置于 10 mL 具塞比色管中。加水至标线,摇振溶解。临用时现配。

5. 次氯酸钠溶液

取 1 mL 次氯酸钠试剂原液(市售),用碘量法标定其浓度。然后用 2 mol/L 氢氧化钠溶液稀释成有效氯度为 3.5 g/L,游离碱浓度为 0.75 mol/L(以 NaOH 计)的次氯酸钠使用液,根据标定结果计算需要的稀释倍数或需补加的 NaOH 体积。贮于冰箱中可保存 2 个月。自行制备的操作方法为:将浓盐酸加入盛有二氧化锰的反应瓶中,置于 50~60 ℃热水浴上。用 2 mol/L 氢氧化钠溶液吸收逸出氯气,即可得次氯酸钠溶液。因该溶液不稳定,使用前应标定其有效应的浓度。

6. 氨标准溶液

①标准贮备液。称取 0.7855 g 在 105 ℃下干燥 2 h 的氯化铵(NH_4Cl),用少量水溶解,移入 250 mL 容量瓶中,用水稀释至标线,此溶液每毫升含 1.00 mg 氨。②标准工作液。临用时,将标准贮备液用吸收液稀释为每毫升含 10.0 mg 氨的溶液。

实验二十六
相关国标

四、实验步骤

(一)采样布点

室内环境污染物浓度检测点应按房间面积设置:

1. 房间面积小于 50 m^2 时,设 1 个检测点;

2. 房间面积为 50~100 m^2 时,设 2 个检测点;

3. 房间面积大于 100 m^2 时,设 3~5 个检测点。

当房间内有 2 个及以上检测点时,应取各点检测结果的平均值作为该房间的检测值。

环境污染物浓度现场检测点应距内墙面不小于 0.5 m、距楼地面高度 0.8~1.5 m。检测点应均匀分布,避开通风道和通风口。

对采样集中空调的民用建筑工程,应在空调正常运转的条件下进行;对自然通风的民用建筑工程,检测应在对外门关闭 1 h 后进行。

(二)采样

用一个内装 10 mL 吸收液的大型气泡吸收管,以 1~5 L/min 流量,采气 20~30 L,及时记录采样点的温度及废气压力。采样后，将样品在室温下保存，于 24 h 内分析。

(三)分析步骤

1. 标准曲线的绘制

取 10 mL 具塞比色管 7 支，按表 3-6 制备标准系列。

表 3-6 标准系列

管 号	0	1	2	3	4	5	6
标准工作量/mL	0	0.20	0.40	0.60	0.80	1.00	1.20
氨含量/mg	0	2.00	4.00	6.00	8.00	10.00	12.00

在各管中加入 1.00 mL 水杨酸-酒石酸钾钠溶液，再加入 2 滴亚硝基铁氰化钠溶液，加水稀释至标线，混匀，于室温下放置 1 h。用 1 cm 比色皿，于波长 697.5 nm 处，以水作参比，测定各管溶液的吸光度，并以扣除试剂空白后的吸光度与氨含量绘制标准曲线。

2. 样品测定

将样品溶液转入 10 mL 具塞比色管中，用少量水洗涤吸收管，合并洗涤液，加入 1 滴 1.0 mol/L 的氢氧化钠溶液，加水稀释至总体积为 10 mL。在每批样品测定的同时，用 10 mL 未采样的吸收液作为试剂空白进行测定。如果样品溶液吸光度超过标准曲线范围，则可用试剂空白稀释样品显色液后再分析。计算样品浓度时，要考虑样品溶液的稀释倍数。

五、结果分析

1. 将采样体积换算成标准状态下的采样体积：

$$V_0 = V_t \times \frac{273}{273+t} \times \frac{p}{p_0}$$

式中：V_0 ——标准状态下的采样体积，L；

V_t ——采样体积，由采样流量乘以采样时间而得，L；

p_0 ——标准状态下的废气压力，101.3kPa；

p ——采样时的废气压力，kPa；

t ——采样时的空气温度，℃。

2. 空气中氨浓度的计算：

$$c(\mathrm{NH3}) = \frac{(A - A_0) \times B_s}{V_0} \times 1000$$

式中：$c(\mathrm{NH3})$——空气中氨浓度，mg/m^3；

A ——样品溶液的吸光度；

A_0 ——空白溶液的吸光度；

B_s ——计算因子，mg/吸光度；

V_0 ——标准状态下的采样体积，L。

六、注意事项

次氯酸钠溶液浓度的标定：称取 2 g 碘化钾(KI)于 250 mL 碘量瓶中，加 50 mL 水溶解，加 1.00 mL 次氯酸钠(NaClO)试剂，再加 0.5 mL 盐酸(50%，体积分数)，摇匀，于暗处放置 3 min。用硫代硫酸钠标准溶液 $c(1/2\ Na_2SO_3)=0.100$ mol/L 滴定析出的碘，至溶液呈黄色时，加 1 mL 新配制的淀粉指示剂(5 g/L)，继续滴定至蓝色刚刚褪去，即为终点，记录消耗的硫代硫酸钠标准溶液体积，按如下公式计算次氯酸钠的浓度。

$$c(\mathrm{NaClO})=c(1/2\ \mathrm{NaS_2O_3})\times\frac{V}{1.00}\times 2$$

式中：$c(\mathrm{NaClO})$——次氯酸钠试剂的浓度，mol/L；

$c(1/2\mathrm{NaS_2O_3})$——硫代硫酸钠标准溶液浓度，mol/L；

V——硫代硫酸钠标准溶液用量，mL。

七、思考题

室内空气中氨的主要来源有哪些？

实验二十七　大气中多环芳烃的测定——液相色谱法

多环芳烃(PAHs)是指由若干个苯环稠和在一起或者由若干个苯环和戊二烯稠和在一起组成的稠环芳香烃类化合物。多环芳烃主要来源于燃烧过程和某些工业过程，广泛存在于环境中。苯环数目比较少(如 2～3 个苯环)的多环芳烃蒸气压较高，在大气中主要分布在气相中；具有 5～6 个苯环的多环芳烃蒸气压较低，主要吸附在颗粒物表面上；介于两者之间的含有 3～4 个苯环的多环芳烃在气相和固相中均有分布。由于部分多环芳烃具有强烈的致癌性和致畸性，尤其是苯并[a]芘(BaP)被确认为具有强致癌性，所以，为了评价空气中苯并[a]芘及其他多环芳烃对人体健康的影响，必须准确测定大气中多环芳烃的含量。

目前测定大气中多环芳烃的方法有荧光分光光度法、气相色谱法和液相色谱法。荧光法灵敏度高，但需要纸层析，分离能力差。气相色谱使用毛细管柱进行分离，具有很高的分离度，尤其使用质谱做检测器时，可以同时进行定性和定量，因此，适合测定复杂样品中多种多环芳烃的分析，但灵敏度比荧光法低 100～1000 倍。液相色谱法由于使用荧光检测器而具有高的灵敏度和分辨率，已成为测定苯并[a]芘及其他多环芳烃的首选方法。

一、实验目的

1. 掌握室内空气中气态、颗粒物 PAHs 样品采集、提取、分析方法。
2. 掌握高效液相色谱仪的测定原理及使用方法。
3. 分析评价室内空气中 PAHs 的浓度水平及形态分布。

二、实验原理

用石英纤维滤膜/PUF/XAD-2 采样，用丙酮二氯甲烷混合溶剂萃取，提取液经浓缩、净化后，用 GC-MS 进行分析。本法测定的是 16 种多环芳烃化合物，分别是萘(naphthalene)、二氢苊(acenaphthylene)、苊(acenaphth ene)、芴(fluorene)、菲(phenanthrene)、蒽(anthracene)、荧蒽(fluoranthene)、芘(pyrene)、苯并[a]蒽{benzo[a]anthracene}、屈(chrysene)、苯并[b]荧蒽{benzo[b]fluoranthene}、苯并[k]荧蒽{benzo[k]fluoranthene}、苯并[a]芘{benzo[a]pyrene}、茚并[1,2,3-cd]芘{Indeno[1,2,3-cd]pyrene}、二苯并[a,n]蒽{dibenzo[a,n]anthracene}、苯并[g,h,l]芘{benzo[g,h,l]perylene}。

三、仪器与试剂

(一)仪器

1. 气相色谱-质谱联用仪，仪器必须将毛细管柱直接插到质谱的离子源中。
2. 大流量采样器。

(二)试剂

1. 丙酮、二氯甲烷、正己烷，色谱纯。
2. XAD-2，正己烷和丙酮的混合溶剂(1+1)连续索氏提取 3 d；放置在通风橱中挥发至干。

实验二十七
相关国标

3. PUF,使用前的处理方法同 XAD-2。

4. 石英滤膜,在 350 ℃灼烧 4 h。

5. 无水硫酸钠,350 ℃烘 4 h。

6. 净化柱,Sep-Pak Vac 20 mL。

四、实验步骤

(一)样品采集

大气中多环芳烃的存在状态有两种,一种是吸附在颗粒物上,这类 PAHs 是部分四环和五环以上的化合物,它们的蒸气压低于 1.066～1.333 kPa(8～10 mmHg),采样时主要捕集在石英纤维滤膜上;另一种主要以气态存在,它们不能捕集在石英纤维滤膜上,而捕集在石英纤维滤膜下的吸附剂上。本方法推荐的吸附剂为 XAD-2 树脂和聚氨酯泡沫材料(PUF)。XAD-2 树脂对气相中多环芳烃比 PUF 有更高的采集效率和保留效率;而 PUF 在现场更容易处理且采样阻力小,同时能够采集有机氯农药、多氯联苯,但是对萘和 BaP 的回收率比 XAD-2 树脂低,用 XAD-2 树脂在 0 ℃贮存 30 d,多环芳烃损失很少。本方法将 XAD-2 和 PUF 联合使用,用来采集全态 PAHs。

样品采集条件:采样流速 0.23 m^3/min,采样时间一般大于 24 h,采样体积大于 300 m^3。

(二)样品的预处理

1. 将采样后的滤膜、XAD-2 和 PUF 用 500 mL 正己烷/丙酮混合剂(体积比为 1∶1)进行索氏提取,提取时间为 18 h。

2. 将 500 mL 提取液在水浴锅中浓缩至体积为 4 mL,然后改用氮气吹至 1 mL,待净化。

3. 样品的净化步骤:

(1)用约 40 mL 的二氯甲烷冲洗硅胶柱两次,弃去溶剂。

(2)用约 75 mL 的正己烷冲洗硅胶柱三次,弃去溶剂。

(3)将浓缩后的样品溶液加入到预处理的硅胶柱中,用约 2 mL 的正己烷洗涤装样品的容器两次,将洗涤液一起加入到硅胶柱中;被测定的样品吸附在净化柱上,弃去流出的干扰组分。

(4)加入 15 mL 的正己烷淋洗涤吸附有样品的硅胶柱,弃去流出的干扰组分。

(5)用约 3 mL 的二氯甲烷洗涤小烧杯三次,将洗涤液加入到硅胶柱中,同时用干净的小烧杯收集从小柱中流出的溶液。

(6)用 35 mL 二氯甲烷慢慢洗涤吸附有样品的小柱子,继续收集流出液。

(7)将盛有样品溶液的小烧杯放入通风橱中自然浓缩。当小烧杯中的溶液为 10 mL 左右时,加入少许无水硫酸钠脱水(在提取液中脱水应更好)。

(8)将脱水后的溶液转移到刻度为 15 mL 的小浓缩瓶中,在微热的情况下,用氮气吹至约 1 mL。最后定量转移 1 mL 样品溶液于小分析瓶中,加入内标,以备分析。

(三)样品的分析

1. 质谱的调谐

质谱首先用全氟三丁胺(FC-43)进行调谐,然后进 1 μL 50 ng/μL 的十氟三苯基膦(DFTPP)进一步对质谱进行调谐,最后得到 DFTPP 选择的质量和丰度满足表3-7。样品测定时 12 h 进行一次 DFTPP 的调谐。

表 3-7　DFTPP 关键离子及离子丰度的标准要求

质荷比(m/z)	丰度标准	质荷比(m/z)	丰度标准
51	198 峰的 30%～60%	199	198 峰的 5%～9%
68	小于 69 峰的 2%	275	198 峰的 10%～30%
70	小于 69 峰的 2%	365	大于 198 峰的 1%
127	198 峰的 40%～60%	441	峰存在且小于 443 峰
197	小于 198 峰的 1%	442	基峰于 198 峰的 40%
198	基峰,丰度 100%	443	442 峰的 17%～23%

2. 毛细管柱

30 m×1.0 μm×0.25 mm (5%苯基硅氧烷如 SE-54 MS, HP-5 MS, DB-5 MS)。

3. 色谱条件

进样口温度 290℃,载气为氦气,载气流速 250 ℃时 28～30 mL/s,初始柱温 70 ℃,保留时间 4 min,以 10 ℃/min 速度升到 300 ℃,保留 10 min 或等到所有化合物流出为止,进样量 2 μL。

4. 质谱条件

传输线温度 290 ℃(或根据仪器厂商设置条件而定),电离方式 EI,电子能量 70 eV,质量扫描范围 35～500 amu,以全扫描的方式进行扫描。

5. 标准曲线的绘制

本方法中所使用的内标化合物分别是:苝-d_{12},屈-d_{12},二氢苊-d_1,萘-d_8,菲-d_{10}。内标化合物的浓度为 40 μg/mL,分析物质为 60,30,15,7.5,3.75,1.875 μg/mL 浓度系列,制作标准曲线。如果标准曲线的相关系数大于等于 0.995,响应因子的相对偏差≤15%,则可用,否则,应重新调整仪器。

五、结果分析

(一)计算

1. 采样体积的计算:

$$V_t = \frac{(Q_1 + Q_2 + \cdots Q_n) \times T}{N}$$

式中:V_t ——采样总体积,m^3;

$Q_1, Q_2, \cdots, Q_n$ ——开始流量、最终流量和中间流量，m^3/min；

N ——所记录的流量次数；

t ——采样时间，min。

将采样体积按下式换算成标准状态下的采样体积：

$$V_0 = \frac{V_t \times T_0 \times p}{(273 + t) \times p_0}$$

式中：V_0 ——标准状态下的采样体积，L；

V_t ——采样体积(L)＝采样流量(L/min)×采样时间(min)；

t ——采样点的气温，℃；

t_0 ——标准状态下的绝对温度 273 K；

p ——采样点的大气压力，kPa；

p_0 ——标准状态下的大气压力，101 kPa。

2. 响应因子的计算：

$$\mathrm{Rf} = \frac{A_s \times C_{is}}{A_{is} \times C_s}$$

式中：Rf——响应因子；

A_s ——被测化合物的峰面积；

A_{is} ——内标化合物的峰面积；

C_{is} ——内标化合物的浓度，ng/mL；

C_s ——被测化合物的浓度，ng/mL。

3. 样品浓度的计算：

$$c_1 = \frac{c_x \times V_f \times D_p \times D_{GC}}{\mathrm{Rf} \times V_s}$$

式中：c_1 ——样品浓度，ng/m^3；

c_x ——萃取后溶液的浓度，ng/mL；

V_f ——萃取后溶液的体积，mL；

D_p ——稀释因子，如果在预处理之前不被稀释，D＝1，无量纲因子；

D_{GC} ——GC 稀释因子，如果在仪器分析之前不被稀释，D＝1，无量纲因子；

Rf——响应因子；

V_s ——标准状态下的采样体积，m^3。

4. 样品浓度，ng/m^3 换算成体积分数(ppb)的计算：

$$c = \frac{c_1 \times 22.4}{\mathrm{M} \times 1000}$$

式中：c_1 ——样品浓度，ng/m^3；

M——待分析物质摩尔质量，g/mol；

22.4——标准状况下理想气体的摩尔体积(0℃，101.325 kPa)，L/mol。

六、注意事项

GC-MS 仪器的检出限为 1.0 μg，在采样体积为 300 m^3 时，空气中多环芳烃的最低检出浓度为 3 ng/m^3。

七、思考题

1. 根据实验数据，分析讨论室内空气中PAHs的污染程度。
2. 室内空气中PAHs的主要来源有哪些？
3. 试述影响室内空气中PAHs存在形态的主要因素。
4. 为什么细颗粒对人体健康危害更大？

实验二十八　空气中氡浓度的闪烁瓶测定方法

氡是无色无味的单原子分子，化学性质不活泼，在温度－61.8 ℃时为液体，－71 ℃时则是闪闪发光的橙黄色固体。氡易溶于血液和脂肪中，易被黏土、胶皮、活性炭等多孔材料吸附。氡是放射性气体，核衰变会产生一系列子体，子体的半衰期远小于母体氡的半衰期，在密闭的条件下，3 h后，氡与其子体达到放射性平衡。氡通过呼吸进入人体，氡及其子体可以通过内照射给人类造成损害。室内氡的浓度主要取决于建筑材料中放射性核素含量。监测研究表明，花岗石、稀土矿石、煤渣、磷矿石以及用煤渣、粉煤灰制作的砖、水泥中，镭、钍等放射性核素的含量一般较高。

实验二十八
相关国标

一、实验目的

1. 了解空气中氡测定的意义。
2. 掌握空气中氡测定的原理及方法。
3. 评价环境中氡的主要来源及危害。

二、实验原理

使用采样泵或自由扩散方法将待测空气中的氡抽入或扩散进入测量室，通过直接测量所收集氡产生的子体产物或经静电吸附浓集后的子体产物的 α 放射性，推算出待测空气中的氡浓度。

三、仪器

(一)仪器

活性炭盒、径迹蚀刻探测器、连续氡测量仪、双滤膜法测氡仪、闪烁瓶法测氡仪。

(二)主要性能指标要求

测量范围：10～10^5 Bq/m^3；探测下限：＜10 Bq/m^3；测量结果的不确定度：≤ 25%(置信度 95%)；环境条件：温度 0～40 ℃ ，相对湿度最大 90%。

四、测量步骤

评价室内氡水平，分两步测量：第一步，筛选测量，用以快速判定建筑物是否会对其居住者产生高辐照的潜在危险。第二步，跟踪测量，用以估计居住者的健康危险度以及对治理措施做出评价。

(一)筛选测量

筛选测量的目的是快速判定建筑物内是否含有高浓度氡气，以决定是否需要或应采取哪类跟踪测量。筛选测量特点是花费少而且操作简单。筛选测量的采样时间列于表 3-8。

表 3-8　筛选测量的采样时间

仪器	采样时间	仪器	采样时间
活性炭盒	2～7 d	双滤膜法测氡仪	至少 6 h，最好 24 h 或更长
径迹蚀刻探测器	3 个月	闪烁瓶法测氡仪	1 min(代表性较差)
连续氡监测仪	至少 6 h，最好 24 h 或更长		

1. 点位的选择

筛选测量应在氡浓度估计最高和最稳定的房间或区域内进行。选择原则：

(1)应当选择在最靠近房屋底层的经常使用的房间，包括家庭住房、起居室、书房、娱乐室、卧室等。优先选择的是底层的卧室，因为大多数人在卧室内度过的时间长。

(2)不应选择厨房和洗澡间。因为厨房排风扇产生的通风会影响测量结果。洗澡间的湿度很高，可能影响某些仪器的灵敏度。

测量应避开采暖、通风、空调系统的通风口、火炉以及门、窗等能引起空气流通的地方。还应避开阳光直晒和高潮湿地区。

测量位置应距离门、窗 1 m 以上，距离墙面 0.5 m 以上。

测量仪应放置在离地面至少 0.5 m，并不得高于 1.5 m，并且距离其他物体 10 cm 以上的位置。

2. 封闭时间

通常关闭门窗 12 h。

3. 筛选测量结果

如果筛选测量结果在 400 Bq/m^3 以上，则应进行跟踪测量。按照筛选测量结果选择相应措施，见表 3-9。

表 3-9　筛选测量结果和推荐措施

筛选测量结果	推荐措施	筛选测量结果	推荐措施
小于或等于 400 Bq/m^3	不需要跟踪测量，可出具监测达标的监测报告	大于 400 Bq/m^3	进行跟踪测量，跟踪测量可以是短期测量或者长期测量

(二)跟踪测量

跟踪测量的目的是要更准确地测量氡长期平均浓度，以便判断其危害和应采取的补救措施。跟踪测量应优先选用累积式测氡仪，如径迹蚀刻探测器和活性炭盒，以便估计房间的年平均氡浓度。如果筛选测量结果在 400～800 Bq/m^3，那么跟踪测量可以选择短期测量(24 h～90 d)或者长期测量(90 d 以上)，这依据测量方法(仪器)而定。如果筛选测量结果大于 800 Bq/m^3 或者要求快速知道结果，则建议进行短期跟踪测量，这有助于房屋使用者能快速决定是否需要进行治理，并且避免由于长期测量的附加照射引起的健康危险的增加。跟踪测量周期列于表 3-10。

表 3-10 跟踪测量时间

仪器	筛选测量结果大于 800 Bq/m^3（短期跟踪测量）	筛选测量结果（400～800）Bq/m^3
径迹蚀刻探测器	在封闭的条件下，进行历时 3 个月的测量	在建筑正常使用条件下，进行为期 12 个月的测量
活性炭盒	在封闭的条件下，进行历时 2～7 d 的测量	在建筑正常使用条件下，每 3 个月进行 4 次测量
连续氡监测仪	在封闭的条件下，进行 24 h 的测量	在建筑正常使用条件下，每 3 个月进行 4 次历时 24 h 的测量

1. 跟踪测量地点

跟踪测量应当与筛选测量在相同的位置上进行。

2. 跟踪测量结果

依据跟踪测量结果，出具监测报告，并采取相应的补救措施，列于表 3-11。

表 3-11 跟踪测量结果和推荐措施

跟踪测量结果	推荐措施
小于 400 Bq/m^3	出具达标的监测报告，不必采取措施
400～800 Bq/m^3（短期跟踪测量）	出具不达标的监测报告，采取措施，将氡水平降低到 400 Bq/m^3 或更低水平
大于 800 Bq/m^3（短期跟踪测量）	长期跟踪测量，建议采取措施，将氡水平降低到 400 Bq/m^3 或更低水平

第四章　土壤和生物体内污染物监测

实验二十九　土壤有机质的测定

土壤有机质(OCM)是土壤的重要组成部分，是植物养分的重要来源，如碳、氮、磷、硫等。它能促进土壤形成结构，改善土壤的物理、化学性质，提高土壤的吸附性能和缓冲性能，土壤有机质含量，是判断土壤肥力高低的重要指标。测定土壤有机质含量是土壤分析的主要项目之一。

本实验所指的有机质是土壤有机质的总量，包括半分解的动植物残体、微生物生命活动的各种产物及腐殖质，还包括少量能通过 0.25 mm 筛孔的未分解的动植物残体。如果要测定土壤腐殖质的含量，则样品中植物根系及其他有机残体应尽可能地去除。土壤有机质是评价土壤肥力的重要指标，也是环境分析测定的基本项目之一。测定土壤有机质的方法主要有三种：干烧法、化学氧化法和灼烧法，本实验采用的方法是重铬酸钾容量法-稀释热法。

一、实验目的

1. 掌握化学氧化法测定土壤中的有机质。
2. 了解土壤有机质作为环境监测项目的意义。

二、实验原理

用定量的重铬酸钾-硫酸溶液，在电砂浴加热条件下，使土壤中的有机碳氧化，剩余的重铬酸钾用硫酸亚铁标准溶液滴定，并以二氧化硅为添加物作试剂空白标定，根据氧化前后氧化剂质量差值，计算出有机碳量，再乘以系数 1.724，即为土壤有机质含量。

三、仪器与试剂

实验二十九
相关国标

(一)仪器

1. 分析天平，感量 0.0001 g。
2. 电砂浴。
3. 磨口三角瓶，150 mL。
4. 磨口简易空气冷凝管，直径 0.9 cm，长 19 cm。
5. 定时钟。
6. 自动调零滴定管，10.00，25.00 mL。

7. 小型日光滴定台。

8. 温度计，200～300 ℃。

9. 铜丝筛，孔径 0.25 mm。

10. 瓷研钵。

(二)试剂

除特别注明者外，所用试剂皆为分析纯。

1. 重铬酸钾(优质纯)、硫酸、硫酸亚铁、硫酸银(研成粉末)、二氧化硅(粉末状)。

2. 邻菲啰啉指示剂

称取邻菲啰啉 1.490 g 溶于含有 0.700 g 硫酸亚铁的 100 mL 水溶液中。此指示剂易变质，应密闭保存于棕色瓶中备用。

3. 0.4 mol/L 重铬酸钾-硫酸溶液

称取重铬酸钾 39.23 g，溶于 600～800 mL 蒸馏水中，待完全溶解后加水稀释至 1 L，将溶液移入 3 L 大烧杯中，另取 1 L 比重为 1.84 的浓硫酸，慢慢地倒入重铬酸钾水溶液内，不断搅动，为避免溶液急剧升温，每加约 100 mL 硫酸后稍停片刻，并把大烧杯放在盛有冷水的盆内冷却，待溶液的温度降到不烫手时再加另一份硫酸，直到全部加完为止。

4. 重铬酸钾标准溶液

称取经 130 ℃烘 1.5 h 的优级纯重铬酸钾 9.807 g，先用少量水溶解，然后移入 1 L 容量瓶内，加水定容。此溶液浓度 $c(1/6\ K_2Cr_2O_7)=0.2000$ mol/L。

5. 硫酸亚铁标准溶液

称取硫酸亚铁 56 g，溶于 600～800 mL 水中，加浓硫酸 20 mL，搅拌均匀，加水定容至 1 L(必要时过滤)，贮于棕色瓶中保存。此溶液易受空气氧化，使用时必须每天标定一次准确浓度。

硫酸亚铁标准溶液的标定方法如下：吸取重铬酸钾标准溶液 20 mL，放入 150 mL 三角瓶中，加浓硫酸 3 mL 和邻菲啰啉指示剂 3～5 滴，用硫酸、亚铁溶液滴定，根据硫酸亚铁溶液的消耗量，计算硫酸亚铁标准溶液浓度。

$$c_2=\frac{c_1\times V_1}{V_2}$$

式中：c_2 ——硫酸亚铁标准溶液的浓度，mol/L；

c_1 ——重铬酸钾标准溶液的浓度，mol/L；

v_1 ——吸取的重铬酸钾标准溶液的体积，mL；

v_2 ——滴定时消耗硫酸亚铁溶液的体积，mL。

四、实验步骤

1. 样品的选择和制备

选取有代表性风干土壤样品，用镊子挑除植物根叶等有机残体，然后用木棍把土块压细，使之通过 1 mm 筛。充分混匀后，从中取出试样 10～20 g，磨细，并全部通过 0.25 mm

筛,装入磨口瓶中备用。

2. 对新采回的水稻土或长期处于渍水条件下的土壤,必须在土壤晾干压碎后,平摊成薄层,每天翻动一次,在空气暴露一周左右后才能磨样。

3. 按表 4-1 有机质含量的规定称取制备好的风干试样 0.05～0.5 g,精确到0.0001 g。置入 150 mL 三角瓶中,加粉末状的硫酸银 0.1 g,然后用自动调零滴定管,准确加入 0.4 mol/L 重铬酸钾-硫酸溶液 10 mL,摇匀。

表 4-1　不同土壤有机质含量的称样量

有机质含量/%	试样质量/g
2 以下	0.40～0.50
2～7	0.20～0.30
7～10	0.10
10～15	0.05

4. 将盛有试样的三角瓶简易空气冷凝管,移至已预热到 200～230 ℃的电砂浴上加热(图 4-1)。当简易空气冷凝管下端落下第 1 滴冷凝液时,开始计时,消煮 5±0.5 min。

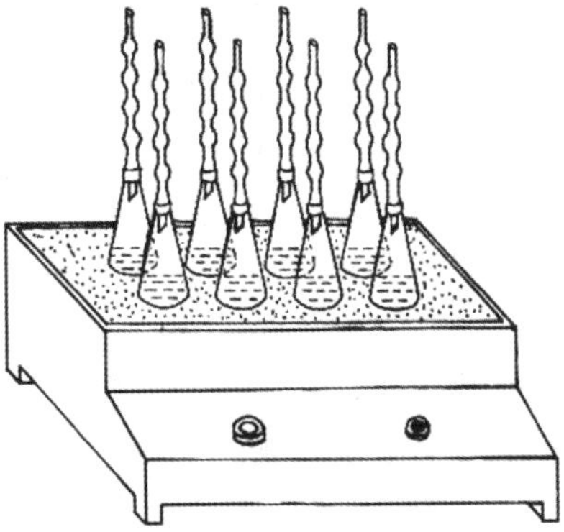

图 4-1　消毒装置

5. 消煮完毕后,将三角瓶从电砂浴上取下,冷却片刻,用水冲洗冷凝管内壁及其底端外壁,使洗涤液流入原三角瓶,瓶内溶液的总体积应控制在 60～80 mL 为宜,加 3～5 滴邻菲啰啉指示剂,用硫酸亚铁标准溶液滴定剩余的重铬酸钾。溶液的变色过程是先由橙黄变为蓝绿,再变为棕红,即达终点。如果试样滴定所用硫酸亚铁标准溶液的毫升数不到空白标定所耗硫酸亚铁标准溶液毫升数的 1/3,则应减少土壤称样量,重新测定。

每批试样测定必须同时做 2～3 个空白标定。取 0.500 g 粉末状二氧化硅代替试样,其他步骤与试样测定相同,取其平均值。

五、结果分析

土壤有机质含量 X(按烘干土计算)计算方式:

$$X = \frac{(V_0 - V) \times c_2 \times 0.003 \times 1.724 \times 100}{m}$$

式中：X ——土壤有机质含量，%；

V_0 ——空白滴定时消耗硫酸亚铁标准溶液的体积，mL；

V ——测定试样时消耗硫酸亚铁标准溶液的体积，mL；

c_2 ——硫酸亚铁标准溶液的浓度，mol/L；

0.003——1/4 碳原子的摩尔质量数，g/mol；

1.724——由有机碳换算为有机质的系数；

m ——烘干试样质量，g。

平行测定的结果用算术平均值表示，保留三位有效数字。

六、注意事项

1. 如果试样滴定所用硫酸亚铁标准溶液的毫升数不到空白标定所耗硫酸亚铁标准溶液毫升数的 1/3，则应减少土壤称样量，重新测定。

2. 在滴定空白样时，应适当加入 2～3 mL 浓硫酸。

3. 油浴加热时液体沸腾，注意安全。

4. 需要注意的是硫酸浓度、硫酸亚铁易氧化和油浴时间。

5. 允许差：当土壤有机质含量小于 1%时，平行测定结果相差不得超过 0.05%；含量为 1%～4%时，不得超过 0.10%；含量为 4%～7%时，不得超过 0.30%；含量在 10%以上时，不得超过 0.50%。

七、思考题

1. 消解温度与消解时间对实验结果有何影响？

2. 重铬酸钾容量法测定土壤有机质的原理是什么？

3. 水合热氧化有机质的重铬酸钾容量法和外加热氧化有机质的重铬酸钾容量法测定总有机碳的测出率分别是多少？试比较各方法的优缺点。

实验三十　土壤阳离子交换容量的测定

土壤是环境中污染物迁移转化的重要场所，土壤的吸附能力和离子交换能力又使它成为重金属类污染物的主要归宿。污染物在土壤表面的吸附和离子交换能力又和土壤的组成、结构等有关。土壤中包括无机物和有机物，无机物中黏土矿物是其主要部分，黏土矿物的晶格结构中存在许多层状的铝硅酸盐，其结构单元是硅氧四面体和铝氧八面体。四面体硅氧层中的 Si^{4+} 常被 Al^{3+} 部分取代；八面体铝氧层中的 Al^{3+} 可部分地被 Fe^{2+}、Mg^{2+} 等离子取代，取代的结果是在晶格中产生负电荷。这些电荷分布在硅酸盐的层面上，并以静电引力吸附层间存在的阳离子，以保持电中性。这些阳离子主要是 Ca^{2+}、Mg^{2+}、Al^{3+}、Na^{+}、K^{+} 和 H^{+} 等，它们往往被吸附于矿物质胶体表面上，决定了黏土矿物的阳离子交换行为。

土壤中的有机物质主要是腐殖质，它们可分为三类：一类是不能被碱萃取的胡敏素；另一类是可被碱萃取，但当萃取液酸化时析出而成为沉淀物的腐殖酸；第三类是酸化时不沉淀的富里酸。这些物质成分复杂，分子量不固定，结构单元上存在各种活性基因，它们使土壤具有大量的阳离子交换能力，而且对重金属污染物在土壤中的吸附、络合等行为起着重要作用。这些阳离子可被某些中性盐水溶液中的阳离子交换。

一、实验目的

1. 深刻理解土壤阳离子交换量的内涵及其环境化学意义。
2. 掌握土壤阳离子交换量的测定原理和方法。

二、实验原理

本实验采用快速法来测定阳离子交换量。土壤中存在的各种阳离子可被某些中性盐($BaCl_2$)水溶液中的阳离子(Ba^{2+})等价交换。由于在反应中存在交换平衡，交换反应实际上不能进行完全。当增大溶液中交换剂的浓度、增加交换次数时，可使交换反应趋于完全。土壤的物理状态等对交换反应的进行程度也有影响。

用强电解质(硫酸溶液)把交换到土壤中的 Ba^{2+} 交换下来，这时，由于生成了硫酸钡沉淀，而且氢离子的交换吸附能力很强，使交换反应基本趋于完全。这样通过测定交换反应前后硫酸含量的变化，可以计算出消耗硫酸的量，进而计算出阳离子交换量。通常将每千克干土中所含的全部阳离子总量，称为阳离子交换量。用不同方法测得的阳离子交换量的数值差异较大，在报告及结果应用时应注明方法。

三、仪器与试剂

(一)仪器

电动离心机，离心管(50 mL)，锥形瓶(100 mL)，量筒(25 mL)，移液管(10 mL，25 mL)，碱式滴定管(25 mL)，试管(25 mL)。

(二)试剂

1.氯化钡溶液

称取 60 g 氯化钡 $BaCl_2 \cdot 2H_2O$ 溶于水中,转移至 500 mL 容量瓶中,用水定容。

2.0.1%酚酞指示剂(w/V)

称取 0.1 g 酚酞溶于 100 mL 乙醇中。

3.硫酸溶液(0.1 mol/L)

移取 5.36 mL 浓硫酸至 1000 mL 容量瓶中,用水稀释至标线。

4.标准氢氧化钠溶液(≈0.1 mol/L)

称取 2 g 氢氧化钠溶解于 500 mL 煮沸后冷却的蒸馏水中。其浓度需要标定。

标定方法:各称取两份 0.5000 g 邻苯二甲酸氢钾(预先在烘箱中 120 ℃烘 2 h)于 250 mL 锥形瓶中,加 100 mL 煮沸后冷却的蒸馏水溶解,再加 4 滴酚酞指示剂,用配制好的氢氧化钠标准溶液滴定至淡红色。再用煮沸后冷却的蒸馏水做一个空白试验,并从滴定邻苯二甲酸氢钾的氢氧化钠溶液的体积中扣除空白值。计算公式如下:

$$c(\mathrm{NaOH})=\frac{w\times 1000}{(V_1-V_0)\times 204.23}$$

式中:w ——邻苯二甲酸氢钾的重量,g;

V_1 ——滴定邻苯二甲酸氢钾消耗的氢氧化钠体积,mL;

V_0 ——滴定蒸馏水空白消耗的氢氧化钠体积,mL;

204.23——邻苯二甲酸氢钾的摩尔质量,g/mol。

实验三十
相关国标

四、实验步骤

1.取 2 个洗净烘干且重量相近的 10 mL 离心管,分别套在相应的称量架上,然后用分析天平称出重量(w)。往两个管中各加入 0.5 g 左右的风干土壤(w_0),两个管及其相应的称量架均做好记号。

2.从称量架上取下离心管,用量筒向各管中加入 5 mL 氯化钡溶液,加完用玻璃棒搅拌管内容物 4 min。然后将 2 支离心管放入离心机内,以 3000 r/min 的转速离心,直到管内上层溶液澄清,下层土壤紧密结实为止。离心完倒尽上层溶液。然后再加入 5 mL 氯化钡溶液,重复上述步骤再交换一次。离心完后保留离心管内的土层。

3.离心管内倒入 5 mL 蒸馏水,用玻璃棒搅拌管内容物 1 min。再在离心机内离心,直到土壤全部沉积在管底部,上层溶液澄清为止。倒尽上层清液,将离心管连同管内土样一起,放在相应的称量架上,在分析天平上称出各管的重量(G)。

4.往离心管中移入 6 mL 0.1 mol/L 硫酸溶液,搅拌 10 min 后放置 20 min,离心沉降。离心后把管内清液分别倒入 2 个洗净烘干的试管内,再从试管中各移出 5 mL 溶液到 2 个干净的 100 mL 锥形瓶内。移出两份 5 mL 0.1 mol/L 硫酸溶液到另 2 个锥形瓶内。在 4 个锥形瓶中各加入 20 mL 蒸馏水和 1 滴酚酞指示剂,用标准氢氧化钠溶液滴定到红色刚好出现并于数分钟内不褪为终点。5 mL 0.1 mol/L 的硫酸溶液耗去氢氧化钠溶液体积(A)和样品消耗氢氧化钠溶液体积(B),氢氧化钠溶液的准确浓度 c(NaOH),连同以上的数据计算出结果。

五、结果分析

按下式计算土壤阳离子交换量(CEC)：

$$CEC(mmol/kg)=\frac{[6A-(6+m)\times B]\times c\times 1000}{5\times w_0}$$

式中：CEC——土壤阳离子交换量，mmol/kg；

A——滴定0.1 mol/L硫酸溶液消耗标准氢氧化钠溶液体积，mL；

B——滴定离心沉降后的上清液消耗标准氢氧化钠溶液体积，mL；

w_0——称取的土样重，g；

c(NaOH)——标准氢氧化钠溶液的浓度，mol/L。

m——为加硫酸前土壤的水量（$G-w-w_0$）。其中G为离心管连同土样重量，g，w为空离心管的重量，g。

六、注意事项

1. 实验所用的玻璃器皿应洁净干燥，以免造成实验误差。
2. 离心时注意，处在对应位置上的离心管应重量接近，避免重量不平衡情况的出现。

七、思考题

1. 试述土壤的离子交换与吸附作用对污染物的迁移转化的影响。
2. 本法是测定阳离子交换量的快速法，除本法外，还有哪些方法可以采用？

实验三十一　土壤中多氯联苯类化合物的测定——气相色谱法

多氯联苯(PCBs)，是联苯的氯取代物，由209种单体同系物组成，其化学性能稳定，在环境中降解缓慢。虽然从1972年开始在全球范围内停止PCBs的生产和使用，但它们已经通过各种途径残留在环境中，是全球重要有机污染物，也是一种持久性有机污染物。PCBs是一类具有“三致”效应的典型持久性有机污染物，也是一类环境内分泌干扰素，可通过空气或水进行长、短距离输送，参与全球和各圈层的循环，并通过地表径流、大气沉降和固体废弃物的弃置进入土壤环境，土壤中的PCBs可以通过土一气、土一水交换以及人为扰动，重新在环境各相之间进行平衡分配，进而通过生物放大作用进入食物链，更大程度地影响人类的健康。

实验三十一
相关国标

一、实验目的

1. 了解和熟悉气相色谱仪的工作原理及基本操作方法。
2. 掌握色谱法的分析原理和测定方法。

二、仪器与试剂

1. 仪器

水蒸气蒸馏-液液萃取装置、带电子捕获检测器的气相色谱仪、电加热套、调压器。

2. 试剂

正己烷(或石油醚)、硫酸(ρ20=1.42 g/mL，优级纯)、氢氧化钾(优级纯)、无水硫酸钠、脱脂棉(用丙酮处理后备用)、多氯联苯(PCBs)标准溶液。

三、实验步骤

(一)碱解与蒸馏

准确称取10 g风干土样(同时另称一份20 g左右于60 ℃烘干24 h，测其水分含量)，放入10 mL圆底烧瓶中，加入250 mL浓度为1 moL/L的氢氧化钾溶液，加少量沸石，按图4-2接好A部与B部，用加热套加热，调压变压器控制温度，加热回流1 h。冷却至室温，取下B部，C部中加入5 mL正己烷，将A、C、D部连接，加热蒸馏90 min，控制每分钟流速80～100滴(加热和控温方法同上)，蒸馏完毕后冷至室温，将C部中液体移入分液漏斗中，再将A、C、D部连接，在冷凝管上部加入10 mL蒸馏水冲洗，然后将C部中的洗涤液并入分液漏斗中，充分振摇，弃去水层，加入少量正己烷洗涤C部两次，合并正己烷层，将分液漏斗中的正己烷提取液经过底部塞有脱脂棉的5 cm高的无水硫酸钠脱水柱，分液漏斗用少量正己烷洗涤3次，每次均通过脱水柱，收集于10 mL容量瓶中定容，供色谱分析。

杂质多时需要用硫酸净化，即加入与正己烷等体积的硫酸，振摇1 min，静置分层后，弃去硫酸层，净化次数视提取液中杂质多少而定，一般1～3次，然后加入与正己烷等体积的0.1 mol/L氢氧化钾溶液，振摇1 min，静置分层后弃去下部水层。

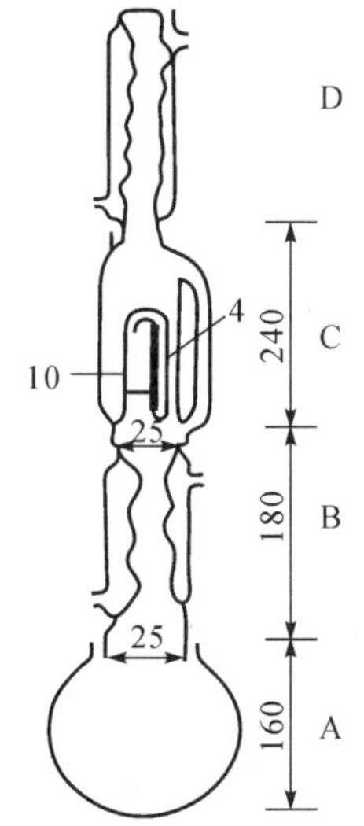

图 4-2 水蒸气蒸馏-液液萃取装置(单位:mm)

(二)定量测定

将 PCBs 标准溶液稀释到不同浓度,定量进样以确定电子捕获检测器的线性范围。试样进样时,将定量进样所得峰高(应在线性范围内)与相近浓度标准溶液的峰高比较,求出 PCBs 含量。

四、注意事项

1. 正己烷

用全玻璃蒸馏器蒸馏,收集 68~70 ℃馏分,色谱进样应无干扰峰,如不纯,再次重蒸馏或用中性三氧化二铝纯化。

2. 无水硫酸钠

取 100 g 无水硫酸钠加入 50 mL 正己烷,振摇过滤,风干,置 150 ℃恒温箱中烘 15 h。

3. 多氯联苯标准溶液的配制

三氯联苯(PCB_3)配成 5 mg/mL 储备液,或用 PCB_3 正己烷标准溶液稀释成不同浓度标准溶液。

4. 色谱条件

固定相为 5% SE-30/Chromosorb W(AW-DMCS),80~100 目;色谱柱为长 2 m、内径 3 mm 的玻璃柱;柱温 195 ℃;汽化温度 250 ℃;监测温度 240 ℃;载气是高纯氧,流速为 70 mL/min。

五、结果分析

采用碱破坏有机氯农药,水蒸气蒸馏-液液萃取(必要时硫酸净化),再用电子捕获检测器气相色谱法测定。

$$多氯联苯含量\ c\ (\mu g/g)=\frac{N_{标}\times V_{标}\times h_{样}\times V}{V_{样}\times h_{标}\times w}\times 1000$$

式中：$N_{标}$——标准溶液浓度，μg/mL；

$V_{标}$——标准溶液色谱进样体积，μL；

$h_{样}$——试样萃取液峰高，mm；

V——萃取液浓缩后的体积，mL；

$h_{标}$——标准溶液峰高，mm；

$V_{样}$——试样萃取液色谱进样体积，μL；

w——样品质量，g(以换算成 60 ℃烘干质量计算)。

六、思考题

1. 土壤中含氯有机物的主要来源有哪些？
2. 影响土壤中吸附含氯农药的主要因素有哪些？

实验三十二　土壤中有机氯农药(六六六和 DDT)的测定

六六六，物理化学性质稳定，不易分解。具有水溶性低、脂溶性高及在有机溶剂中分配系数较大的特点。因此，在分析测定时，常以有机溶剂将六六六从土壤样品中萃取出来。本实验采用石油醚-丙酮作为有机溶剂，将土壤样品中各种形态的六六六萃取出来，然后以浓硫酸反复洗涤数次，获得纯化溶液备用。

本实验所用色谱检测器是电子捕获检测器(ECD)。这是一种离子化检测器，是一种有选择性的高灵敏度的检测器。电子捕获检测器只适用于含有卤素、硫磷氮等元素的物质的检测，如甾族化合物、金属有机化合物、多卤或多硫化合物的分析测定。

一、实验目的

实验三十二
相关国标

1. 了解土壤中有机物的提取富集方法。
2. 进一步学习和掌握气相色谱法的原理和方法。

二、实验原理

有机氯农药六六六和 DDT 具有物理化学性质稳定，不易分解，水溶性低、脂溶性高及在有机溶剂中分配系数较大的特点。本法用有机溶剂提取，浓硫酸纯化，以消除或减少对分析的干扰，然后用电子捕获检测器进行气相色谱测定。

三、仪器与试剂

(一)仪器

1. 带有电子捕获检测器的气相色谱仪。
2. 脂肪提取器。
3. 康氏振荡器。
4. 50 mL 分液漏斗；容量瓶；250 mL 具塞锥形瓶；布氏漏斗；吸滤瓶。

(二)试剂

1. 石油醚

沸程 60～90 ℃中性三氧化二铝柱层析纯化。色谱进样无干扰峰。如不纯，用全玻璃蒸馏器重蒸。

2. 丙酮、苯

分析纯，空白分析无干扰峰，否则需要用全玻璃蒸馏器重蒸。

3. 无水硫酸钠

300 ℃烘 4 h，放入干燥器中备用。

4. 2%硫酸钠水溶液。

5. 硅藻土(Celite)

粒度为 0.65～0.20 mm(30～80 目)。

6. 六六六、DDT 标准贮备液

将六六六异构体、DDT 及其代谢产物用石油醚配制成 200 mg/L 的储备液(α-六六六先用少量重蒸苯溶解),再分别稀释 10～1000 倍,配成适当浓度的中间溶液和标准溶液。

四、实验步骤

(一)提取(根据实际条件以下两种提取方法任选一种)

第一种:称取粒度为 0.30 mm(60 目)的风干土壤 20.00 g(同时另称量 20.00 g 以测定水分含量),置于小烧杯中,加 2 mL 水和 4 g 硅藻土,充分混合后,全部移入滤纸筒内,上部盖上一片滤纸,或将混合均匀的样品用滤纸包好,移入脂肪提取器中,加入 80 mL(1∶1)石油醚-丙酮混合溶液,浸泡 12 h 后,提取 4 h,待冷却后将提取液移入 500 mL 分液漏斗中,用 20 mL 石油醚分 3 次冲洗抽提器,将洗涤液并入分液漏斗中。向分液漏斗中加入 300 mL 2%硫酸钠水溶液,振摇 2 min,静置分层后,弃去下层丙酮水溶液,上层石油醚提取液供纯化用。

第二种:称取粒度为 0.30 mm(60 目)的风干土壤 20.00 g(同时另称量 20.00 g 以测定水分含量),置于 250 mL 磨口锥形瓶中,加 2 mL 水,2 g 硅藻土,再加入 80 mL(1∶1)石油醚-丙酮混合溶液浸泡 12 h 后,在康氏振荡器上振荡 2 h,然后用布氏漏斗抽滤,滤渣用 20 mL 石油醚分 4 次洗涤。全部滤液和洗涤液移入 500 mL 分液漏斗中,向分液漏斗中加入 300 mL 2%硫酸钠水溶液,上层石油醚提取液供纯化用。

(二)纯化

在盛有石油醚提取液的分液漏斗中,加 6 mL 浓硫酸,开始轻轻振摇,并不断将分液漏斗中因受热挥发的气体放出,以防发热引起爆裂,然后剧烈振摇 1 min。静止分层后弃去下部硫酸层,用浓硫酸纯化 1～3 次(依提取液中杂质多少而定)。然后加入 100 mL 2%硫酸钠水溶液,振摇洗去石油醚中残存的硫酸,静置分层后,弃去下部水相。上层石油醚提取液通过铺有 3～5 mm 无水硫酸钠层的漏斗,漏斗下部用脱脂棉或玻璃棉支托无水硫酸钠。脱水后的石油醚收集于 100 mL 容量瓶中,无水硫酸钠层用少量石油醚洗涤 2～3 次,洗涤液收集于上述 100 mL 容量瓶中,加石油醚稀释至标线,供色谱测定。

(三)色谱测定

1. 色谱条件

色谱柱:2 m 长玻璃柱,内径 2～3 mm。

载体:ChromSorb-WAW-DMCS,粒度为 0.20～0.15 mm (80～100 目)。

固定液:1.5%OV-17+2%QF-l。

载气流速:60～70 mL/min 高纯氮。

温度：检测器 240 ℃；汽化室 240 ℃；层析室 180～195 ℃。

流速：5 mm/min。

进样量：5 mL。

2. 定量

将各种浓度标准溶液注入色谱仪，确定电子捕获检测器线性范围，之后注入样品溶液。根据样品溶液的色谱峰高，选择与该浓度接近的标准溶液注入色谱仪。

五、结果分析

样品浓度的计算公式如下：

$$c_{样}=\frac{h_{样}\times C_{标}\times Q_{标}}{h_{标}\times Q_{标}\times K}$$

式中：$c_{样}$——样品浓度，μg/g；

$h_{样}$——扣除全试剂操作空白峰高后样品的蜂高；

$Q_{样}$——样品的进样量，μL，5 μL；

$C_{标}$——标准溶液浓度，mg/L；

$Q_{标}$——标准溶液进样量，μL，5 μl；

$h_{标}$——标准溶液色谱图峰高；

K——样品提取液体积相当于样品的质量，kg/L，本法为 1/5。

六、注意事项

1. 新装填的色谱柱在通氮气条件下，加温持续老化至少 48 h，老化时可注射六六六异构体和 DDT 及其代谢产物的标准液，待色谱柱对农药的分离及定性响应恒定后方能进行定量分析。

2. 在上述色谱条件下 α-六六六与六氯苯保留时间相同，采用本方法六氯苯干扰 α-六六六分析。

实验三十三 土壤与植物样品中重金属铜锌铅镉的测定——原子吸收分光光度法

人体内的微量元素不仅参与机体的组成，而且担负着不同的生理功能。如铁、铜、锌是组成酶和蛋白质的重要成分，钒、铬、镍、铁、铜、锌等元素能影响核酸的代谢作用，部分微量元素还与心血管疾病、衰老甚至癌症有密切关系。这些微量元素在人体组织中都有一个相当恒定的浓度范围，它们之间互相抑制、互相拮抗，过量或缺乏都会破坏人体内部的生理平衡，引起机体疾病，使健康受到不同程度的影响。

在农业生态环境中，土壤是连接有机与无机界的重要枢纽，土壤无机污染物中，重金属的污染问题比较突出。这是因为重金属一般不易随水淋滤，不能被土壤微生物所分解，但能被土壤胶体吸附，被土壤微生物富集或被植物吸收，有时甚至可能转化为毒性更强的物质。有的通过食物链以有害浓度在人体内蓄积，严重危害人体健康。重金属元素可通过土壤积累于植物体内，最终危害人类。因此，测量土壤中及植物中的重金属浓度，可以掌握重金属在土壤-植物体系中的迁移转化能力。

一、实验目的

1. 掌握原子吸收分光光度法测定土壤及植物中 Pb、Zn、Cu、Cd 浓度的原理及方法。
2. 掌握土壤-植物体系中重金属的迁移、转化规律及评价方法。
3. 了解原子吸收分光光度的性能、结构及其基本使用方法。

二、实验原理

在同一地点采集植物和土壤样品，经风干处理后，用酸消解体系，将样品中各种形态的重金属转化为同一高价态，在原子吸收分光光度计上测定其浓度。通过比较分析土壤和植物中重金属浓度，探讨重金属在植物-土壤体系中的迁移能力。

将处理好的试样直接喷入空气-乙炔火焰，火焰中形成的原子蒸气对光源发射的特征电磁辐射产生吸收，测得的试液吸光度扣除空白吸光度，从标准曲线查得 Pb、Zn、Cu、Cd 浓度。从而计算土壤和植物中 Pb、Zn、Cu、Cd 的浓度。

三、仪器与试剂

(一)仪器

原子吸收分光光度计；空气-乙炔火焰原子化器；Pb、Zn、Cu、Cd 空心阴极灯；尼龙筛(100 目)；电热板；量筒(100 mL)；高型烧杯(100 mL)；容量瓶(25 mL，100 mL)；锥形瓶(100 mL)；小三角漏斗；表面皿。

(二)试剂

1. 硝酸、硫酸

优级纯。

2. 氧化剂

空气、乙炔，用气体压缩机供给，经过必要的过滤和净化。

3. 金属标准储备液(1.00 mg/mL)

准确称取 0.5000 g 光谱纯金属，用适量的 1∶1 硝酸溶解，必要时加热直至溶解完全，用水稀释至 500 mL。

4. 混合标准溶液

用 0.2% 硝酸稀释金属标准储备溶液配制而成，使配成的混合标准溶液中镉、铜、铅和锌浓度分别为 10.0，50.0，100.0 和 10.0 mg/L。

四、实验步骤

(一)土壤样品的制备

在植物生长季节，从田间取回土样，倒在塑料薄膜上，晒至半干状态，将土块压碎，除去残根、杂物，铺成薄层，经常翻动，在阴凉处使其慢慢风干。风干土样用有机玻璃棒或木棒敲碎后，过 2 mm 尼龙筛，去掉 2 mm 以上的砂砾和植物残体。将上述风干细土反复按四分法弃取，最后约留下 100 g 土样，再进一步磨细，过 100 目筛，105 ℃烘干(约 2～4 h)，装于玻璃瓶中(注意在制备过程中不要被沾污)，保存于干燥器中。

(二)土样的消解

准确称取烘干土样 0.5 g 两份，分别置于高型烧杯中，加水少许润湿，再加入 1∶1 硫酸 4 mL，浓硝酸 1 mL，盖上表面皿，在电热板上加热至冒白烟。如消解液呈黄色，可取下稍冷，滴加硝酸后再加热至冒白烟，直到土壤变白。取下洗涤残渣 2～3 次，将清液过滤至容量瓶中，用水稀释至标线，摇匀备用。同时做 2 份空白试验。

(三)植物样品的制备

1. 植物样品采集

取与土壤样品同一地点的植物，105 ℃烘干，再经粉碎，研细成粉，装入样品瓶，保存于干燥器中。

2. 植物消解

准确称取 1 g 经烘干的植物样品两份，分别置于 100 mL 三角烧瓶中，加 10 mL 浓硝酸，在烧杯口放置一小漏斗，在电热板上加热(在通风橱中进行，开始低温，逐渐提高温度，但不宜过高，以防样品溅出)，加热至冒白烟、溶液透明为止，过滤至 25 mL 容量瓶中，用水洗涤滤渣 2～3 次后，用水稀至标线，摇匀备用。同时做 2 份空白实验。

(四)标准曲线的绘制

在 6 只 50 mL 比色管中，分别加入 0.00，0.50，1.00，3.00，5.00，10.00 mL 混合标准溶液，用 0.2%硝酸稀释至 50 mL 刻度，测定标准溶液的吸光度。用经空白校正的各标准溶液的吸光度为纵坐标，标准溶液浓度为横坐标，绘制标准曲线。

(五)土壤及植物中 Pb、Zn、Cu、Cd 的测定

按照与标准溶液相同的步骤测定空白样和试样的吸光度，记录数据。扣除空白值后，从标准曲线上查出试样中的金属浓度。由于仪器灵敏度的差别，土壤及植物样品中重金属浓度不同，必要时应对试液稀释后再测定。

五、结果分析

由测定所得吸光度，分别从标准曲线上查得被测试液中各金属的浓度，根据下式计算出样品中被测元素的含量：

$$被测元素含量(\mu g/g)=\rho\times\frac{V}{w}$$

式中：ρ——被测试液的浓度，μg/mL；

V——试液的体积，mL；

w——样品的重量，g。

实验三十三
相关国标

六、注意事项

1. 土样消解过程中，防止溶液蒸干，不慎蒸干时铁、铝盐可能形成难溶的氧化物而包藏 Cd、Cu，使结果偏低。

2. Cd 的测定波长为 228.8 nm，该分析处于紫外光区，易受光散射和分子吸收的干扰，特别是在 220.0～270.0 nm，NaCl 有强烈的分子吸收，覆盖了 228.8 nm 线。另外，Ca、Mg 的分子吸收和光散射也十分强。这些因素皆可造成 Cd 的表观吸光度增加。为消除基体干扰，可在测量体系中加入适量基本改进剂，如在标准系列溶液和试样中分别加入 0.5 g $La(NO_3)_3\cdot 6H_2O$。此法适用于测定含 Cd 量较高和受 Cd 污染的土壤中的 Cd 含量。

七、思考题

1. 粮食的前处理有干法及湿法两种，各有什么优缺点？

2. 比较 Cu、Zn、Pb、Cd 镉在土壤及粮食中的含量，描述土壤-粮食体系中 Cu、Zn、Pb、Cd 迁移情况，分析重金属富集的情况及影响因素。

实验三十四 鱼样中多氯联苯类化合物的测定——气相色谱法

工业废水的排放使得天然水中含有多种有机污染物，其中很多都是剧毒的，甚至具有致癌作用。有机污染物进入水体后，一方面可以导致水生生物中毒，出现繁殖力下降、寿命缩短等现象，甚至可以导致水生生物的大量死亡；另一方面，由于水生生物对很多有机污染物都具有极强的生物富集作用，使得生物体内有机污染物的含量非常高，一旦通过生物链进入人体，必然会给人类健康带来严重的影响。鱼类作为主要的环境监测生物，分析其体内有机污染物的含量可以使我们了解鱼类受有机污染物的侵害程度，同时也可以使我们了解该水体中有机物的污染状况，准确地预报有毒化学物质的生态效应。

一、实验目的

1. 了解鱼体中有机污染物的分析方法。
2. 掌握痕量有机物富集和浓缩的基本操作技术。
3. 进一步学习气相色谱仪的工作原理和使用方法。

二、实验原理

鱼体内的有机污染物主要用色谱法进行分析测定，但一般都需要经过预处理步骤。最常采用的预处理方法就是利用有机溶剂在索氏提取器中对一定量的样品进行回流萃取，然后将萃取液在旋转蒸发仪上浓缩、净化、浓缩，直到达到色谱测定的要求为止。该方法较为成熟，回收率也较高。

三、仪器与试剂

实验三十四
相关国标

(一)仪器

1. 气相色谱仪，配有电子捕获检测器(ECD)。
2. 高速组织捣碎机。
3. 索氏提取器，60 mL，500 mL。
4. 旋转蒸发仪。
5. 净化柱，用直径为 1 cm 的玻璃管制成。

(二)试剂

1. PCBs 混合标准溶液

取 0.1 mL 储备液(1 mg/mL)于 10 mL 容量瓶中，用正己烷定容，得浓度为 10 μg/L 的混合标准溶液。

2. 正己烷

分析纯，用前经全玻璃蒸馏器重蒸。

3. 二氯甲烷

分析纯，用前经全玻璃蒸馏器重蒸。

4. 无水硫酸钠

分析纯，用前在高温炉中 600 ℃烘干 6 h。

5. 硅胶

层析用，0.30～0.15 mm（60～100 目）。用前均在高温炉中 600 ℃活化 6 h，加质量分数 5%蒸馏水脱活，振荡 1 h 后，放置过夜。

四、实验步骤

（一）样品的准备

从未受污染的水体中采集幼鱼数条，去头尾和内脏后粉碎混匀。粉碎前用滤纸吸干样品表面血污等的残余水分，粉碎时注意混合均匀。

（二）样品的提取

1. 称取混匀后的样品 3 g，各与 9 g 无水硫酸钠一起研磨至无结块为止。按同样的方法做空白和平行样。

2. 将研磨后的混合物装入滤纸筒内，置于 60 mL 索氏提取器中。（注：每班两组同学，在其中含有平行样的索氏提取器中加入混合标准溶液 1 mL。）

3. 用 60 mL 正己烷：二氯甲烷（1∶1）作为提取剂，在 60～65 ℃水浴条件下回流提取 2 h。

（三）提取液的净化和浓缩

1. 将提取液用旋转蒸发仪浓缩至约 2 mL。

2. 在净化柱下端放入少量玻璃棉，然后依次干法装入 4 g 硅胶和 2 g 无水硫酸钠，轻敲柱壁，使填充物尽可能致密。

3. 将浓缩后的提取液置于净化柱顶端，待液面下降到无水硫酸钠部位时，开始加入 10 mL 正己烷，再待液面下降到无水硫酸钠顶部时，加入 20 mL 正己烷：二氯甲烷（1∶1）。控制流出速度为 1 mL/min，洗脱液全部接取。

4. 将提取液用旋转蒸发仪浓缩至约 2 mL，用氮吹仪吹干，加 1 mL 正己烷定容，待测。

（四）样品测定

在气相色谱仪（带 ECD 检测器）上测定其含量。

五、结果分析

1. 根据标样浓度和色谱图峰高，分别求得空白样品和加标样品中各种有机污染物的含量。

2. 计算方法的加标回收率。

六、思考题

1. 测定方法的加标回收率有何意义？

2. 电子捕获检测器的工作原理是什么？

实验三十五　动、植物中有机磷农药多组分残留测定

有机磷农药是广谱杀虫剂，应用广泛，主要有乐果、敌百虫、敌敌畏、内吸磷、对硫磷、马拉硫磷等 100 余种。有机磷不稳定，挥发性强，在自然环境容易分解。在土壤中的降解会随土壤含水量、温度和 pH 的增高而加快；在水体中的降解会随水的温度、pH 的增高，以及微生物数量、光照等的增加而加快；进入生物体内易被酶分解，在食物中残留时间也短，因此，慢性中毒少，但少数有机磷农药，如一硫代磷酸酯类和二硫代磷酸酯类中的内吸磷类型农药，亲体分子毒性大，进入生物体后能继续氧化为毒性也大的亚砜和砜化合物，这类农药毒性的残存期较长。有机磷农药是急性中毒类农药，如对硫磷和内吸磷等都是剧毒品，有机磷是神经毒物，人们吃了施用有机磷农药的果蔬或茶叶、薯类、谷物等，可能发生肌肉震颤、痉挛、血压升高、心跳加快等症状，甚至导致人昏迷死亡。

本标准适用于畜禽肉及其制品、乳与乳制品、蛋与蛋制品中甲胺磷、敌敌畏、乙酰甲胺磷、久效磷、乐果、乙拌磷、甲基对硫磷、杀螟硫磷、甲基嘧啶磷、马拉硫磷、倍硫磷、对硫磷、乙硫磷等 13 种常用有机磷农药多组分残留测定方法。

一、实验目的

1. 掌握气相色谱法测定动物食品中多组分有机磷农药的原理及方法。
2. 了解气相色谱仪的原理及使用方法。

二、实验原理

试样经提取、净化、浓缩、定容，用毛细管柱气相色谱分离，火焰光度检测器检测，以保留时间定性，外标法定量。出峰顺序：甲胺磷、敌敌畏、乙酰甲胺磷、久效磷、乐果、乙拌磷、甲基对硫磷、杀螟硫磷、甲基嘧啶磷、马拉硫磷、倍硫磷、对硫磷、乙硫磷。

本方法是动物性食品中甲胺磷、敌敌畏、乙酰甲胺磷、久效磷、乐果、乙拌磷、甲基对硫磷、杀螟硫磷、甲基嘧啶磷、马拉硫磷、倍硫磷、对硫磷、乙硫磷等 13 种常用有机磷农药多组分残留测定方法。

三、仪器与试剂

实验三十五
相关国标

（一）仪器

1. 气相色谱仪

具火焰光度检测器，毛细管色谱柱。

2. 旋转蒸发仪

3. 凝胶净化柱

长 30 cm，内径 2.5 cm 具活塞玻璃层析柱，柱底垫少许玻璃棉。用洗脱液乙酸乙酯-环己烷（1+1）浸泡的凝胶以湿法装入柱中，柱床高约 26 cm，胶床始终保持在洗脱液中。

(二)试剂

1. 丙酮、二氯甲烷、乙酸乙酯、环己烷,分析纯,重蒸。
2. 氯化钠、无水硫酸钠,优质纯。
3. 凝胶,Bio-Beads S-X,200～400 目。
4. 有机磷农药标准品:见表 4-2。

表 4-2 农药标准品

农药名称	英文名称	纯度	农药名称	英文名称	纯度
甲胺磷	methamidophos	≥99%	杀螟硫磷	fenitrothion	≥99%
敌敌畏	dichlorvos	≥99%	甲基嘧啶磷	pirimiphos-methyl	≥99%
乙酰甲胺磷	acephate	≥99%	马拉硫磷	malathion	≥99%
久效磷	monocrotophos	≥99%	倍硫磷	fenthion	≥99%
乐果	dimethoate	≥99%	对硫磷	parathion	≥99%
乙拌磷	disulfoton	≥99%	乙硫磷	ethion	≥99%
甲基对硫磷	methyl-parathion	≥99%			

5. 有机磷农药标准溶液的配制

(1)单体有机磷农药标准贮备液。准确称取各有机磷农药标准品 0.0100 g,分别置于 25 mL 容量瓶中,用乙酸乙酯溶解、定容(浓度各为 400 μg/mL)。

(2)混合有机磷农药标准应用液。测定前,量取不同体积的各单体有机磷农药储备液于 10 mL 容量瓶中,用氮气吹尽溶剂,用经提取、净化处理的鲜牛乳提取液稀释、定容。此混合标准应用液中各有机磷农药浓度(μg/mL)为:甲胺磷 16、敌敌畏 80、乙酰甲胺磷 24、久效磷 80、乐果 16、乙拌磷 24、甲基对硫磷 16、杀螟硫磷 16、甲基嘧啶磷 16、马拉硫磷 16、倍硫磷 24、对硫磷 16、乙硫磷 8。

四、实验步骤

(一)试样制备

蛋品去壳,制成匀浆;肉品去筋后,切成小块,制成肉糜;乳品混匀待用。

(二)提取与分配

1. 称取蛋类试样 20 g(精确到 0.01 g)于 100 mL 具塞三角瓶中,加水 5 mL(视试样水分含量加水,使总水量约 20 g),加 40 mL 丙酮,振摇 30 min,加氯化钠 6 g,充分摇匀,再加 30 mL 二氯甲烷,振摇 30 min。取 35 mL 上清液,经无水硫酸钠滤于旋转蒸发瓶中,浓缩至约 1 mL,加 2 ml 乙酸乙酯-环己烷(1+1)溶液再浓缩,如此重复 3 次,浓缩至约 1 mL。

2. 称取肉类试样 20 g(精确到 0.01 g),加水 6 mL(视试样水分含量加水,使总水量约 20 g),以下按照蛋类试样的提取与分配步骤处理。

3. 称取乳类试样 20 g(精确到 0.01 g),以下按照蛋类试样的提取与分配步骤处理。

(三)净化

将此浓缩液经凝胶柱,以乙酸乙酯-环己烷(1+1)溶液洗脱,弃去 0～35 mL 流分,收集 35～70 mL 流分。将其旋转蒸发浓缩至约 1 mL,再经凝胶柱净化收集 35～70 mL 流分,旋转蒸发浓缩,用氮气吹至约 1 mL,以乙酸乙酯定容至 1 mL,留待 GC 分析。

(四)气相色谱测定

1. 色谱条件

(1)色谱柱:涂以 SE-54 0.25 μm,30 m×0.32 mm(内径)石英弹性毛细管柱。

(2)柱温:程序升温

$$60\ ℃,1\ \text{min}\xrightarrow{40\ ℃/\text{min}}110\ ℃\xrightarrow{5\ ℃/\text{min}}235\ ℃\xrightarrow{40\ ℃/\text{min}}265\ ℃。$$

(3)进样口温度:270 ℃。

(4)检测器:火焰光度检测器(FPD-P)。

(5)气体流速:氮气(载气):1 mL/min;尾吹:50 mL/min;氢气:50 mL/min;空气:500 mL/min。

2. 色谱分析;分别量取 1 μL 混合标准液及试样净化液注入色谱仪中,以保留时间定性,以试样和标准的峰高或峰面积比较定量。

3. 色谱图,如图 4-3 所示。

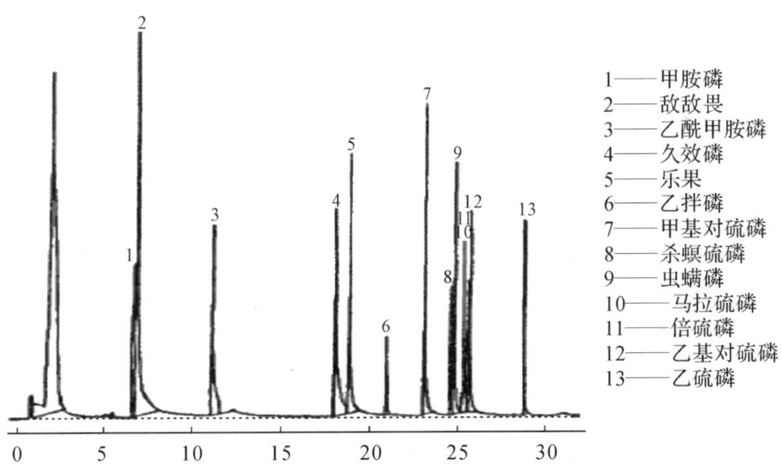

图 4-3　13 种有机磷农药色谱

五、结果分析

按下式计算:

$$x=\frac{m_1\times V_2\times 1000}{m\times V_1\times 1000}$$

式中:x——试样中各农药的含量,mg/kg;

m_1——被测样液中各农药的含量,ng;

m——试样质量，g；

V_2——样液进样体积，μL；

V_1——试样最后定容体积，mL。

计算结果保留两位有效数字。

六、注意事项

1. 在重复性条件下获得的两次独立测定结果的绝对差值不得超过算术平均值的15%。

2. 本方法各种农药检出限(μg/kg)为：甲胺磷5.7；敌敌畏3.5；乙酰甲胺磷10.0；久效磷12.0；乐果2.6；乙拌磷1.2；甲基对硫磷2.6；杀螟硫磷2.9；甲基嘧啶磷2.5；马拉硫磷2.8；倍硫磷2.1；对硫磷2.6；乙硫磷1.7。

3. 有些稳定性差的有机磷农药(如敌敌畏)因稳定性差且易被色谱柱中的担体吸附，可采用降低操作温度来克服上述困难。另外，也可采用缩短色谱柱至1～1.3 m或减少固定液涂渍的厚度等措施来克服。

七、思考题

1. 本实验的气路系统包括哪些？各有何作用？

2. 简述电子捕获检测器及火焰光度检测器的原理及适用范围。

3. 如何检验该实验方法的准确度？如何提高检测结果的准确度？

第五章　环境噪声监测

噪声属于物理污染或能量污染，一般情况下并不致命，且与声源同时产生同时消失。噪声源分布很广，较难集中处理。由于噪声渗透到人们生产和生活的各个领域，且能够直接感觉到它的干扰，不像物质污染那样只有产生后果才受到注意，所以噪声往往是受到抱怨和控告最多的环境污染。

实验三十六　区域环境噪声监测

人们生活和工作所不需要的声音和一切不希望存在的干扰声称为噪声。环境噪声的来源有四种：一是交通噪声，包括汽车、火车和飞机等所产生的噪声；二是工厂噪声，如鼓风机、汽轮机，织布机和冲床等所产生的噪声；三是建筑施工噪声，如打桩机、挖土机和混凝土搅拌机等发出的声音；四是社会生活噪声，如高音喇叭、收录机等发出的过强声音。

一、实验目的

1. 了解区域环境噪声的监测方法。
2. 掌握声级计的使用方法。
3. 学会噪声污染图的绘制方法。
4. 能正确分析噪声对人类生产、生活产生的不良影响，写出评价报告。

二、实验原理

环境噪声是随着时间而起伏的，因此测量结果一般用等效声级来表示。

将各网点每一次数量数据(200 个)按顺序排列找出 L_{10} 、L_{50} 、L_{90} ，求出等效声级 L_{eq} ，再将该网点一整天的各次 L 值求出算术平均值，作为该网点的环境噪声评价量。

以 5 dB(A)为一等级，用不同颜色或记号绘制学校噪声污染图。

三、仪器

PSJ-2 型普通声级计。

实验三十六
相关国标

四、实验步骤

将学校的平面图按比例划分为 25 m×25 m 的网格(若学校面积大可将网格放大)，测点选在每个网格的中心。若中心点的位置不宜测量，可移到旁边能够测量的位置。

每组 4 位同学配置一台声级计，按顺序到各网点测量，时间以 8～17 h 为宜，每个网格至少测量 4 次，每次连续读 200 个数据。

读数方式用慢挡，每隔 5 s 读一个瞬时 A 声级，连续读取 200 个数据。同时还要判断和记录附近主要噪声源（如交通噪声、施工噪声、工厂噪声）和天气条件。

五、注意事项

1. 使用电池供电的监测仪器，必须检查电池电压，电压不足应予以更换。

2. 每次测量要仔细核准仪器，可用仪器上的“Cal”和“.. A..”或“C”挡按键以及灵敏度调节孔进行校准。

3. 为了防止风噪声对仪器的影响，在户外测量时要在传声器上装风罩。风力超过四级以上要停止测量。

4. 当测量的声压级与背景噪声相差不到 10 dB 时，应扣除背景噪声的影响按表 5-1 修正。实际测得噪声级减去修正值即为测量声源的噪声级。

表 5-1 背景噪声修正值

测量声级减去背景声级/dB	1,2	3	4,5	6,7,8,9
修正值	5	3	2	1

5. 注意反射声对测量的影响，一般要使传声器远离反射面 2～3 m。手持声级计，尽量使身体离开话筒，最好将声级计安装在三脚架上，传声器离地面 1.2 m，人体距话筒至少 50 cm。

6. 计权网格的选择。一般都采用 A 声级来评价噪声。

7. 快慢挡的选择，快挡用于起伏很小的稳态噪声，如果表头指针摆动超过 4 dB，则用慢挡，在读数不稳时，可读表头指针摆动的中值。

8. 测点的选择是随着不同的噪声测量内容而有不同的布置方法。

9. 测量记录应标明测点位置、仪器名称、型号、气候条件，测量时间及噪声源。

10. 所有声级的计算结果保留到小数点后一位。

六、思考题

1. 等效声级的作用是什么？

2. 为什么测量点要距离任何建筑物不小于 1 m？

3. 试提出减少交通噪声污染的措施。

实验三十七　城市交通噪声监测

实验三十七
相关国标

一、实验目的

1. 了解城市交通噪声监测方法。
2. 掌握声级计的使用方法。
3. 学会噪声污染图的绘制方法。
4. 能正确分析噪声对人类生产、生活产生的不良影响，写出评价报告。

二、实验原理

交通噪声符合正态分布，可用"区域环境噪声监测"中的方法计算各个测点的 L_{eq} 。将每个侧点按 5 dB(A)一挡分级，用不同的颜色或不同记号绘制一段马路的噪声值，即得到某一地区一段马路交通噪声污染图。

三、仪器

PSJ-2 型普通声级计。

四、实验步骤

在每个交叉路口之间的交通线上选择一个测点。测点在马路边人行道上，离马路 20 cm。读数方式用慢挡，测量时每隔 5 s 记一个瞬时 A 声级，连续读取 200 个数据，测量的同时记录机动车流量。

五、思考题

1. 影响噪声测定的因素有哪些？
2. 为什么稳定噪声源只需测 1 min 的等效声级？

实验三十八 工业企业噪声监测

实验三十八
相关国标

一、实验目的

1. 了解工业企业噪声监测方法。
2. 掌握声级计的使用方法。
3. 学会噪声污染图的绘制方法。

二、实验原理

计算从 L_{eq} 的方法同区域环境噪声，若车间内各处声级波动小于 3 dB(A)，可先求出各测点的 L_{eq} 值，再得出各测点 L_{eq} 的算术平均值作为车间内噪声评价量。若车间内各处声级波动大于 3 dB(A)，则各个区域的噪声值可用该区域内各测点 L_{eq} 的算术平均值来表示。然后用 5 dB(A)一挡分级，用不同颜色或记号画出车间内噪声污染图。

三、仪器

PSJ-2 型普通声级计。

四、实验步骤

测点选择应根据车间声级不同而定。若车间内各处声级波动小于 3 dB (A)，则只需在一车间内选择 1～3 个测点。若车间内各处声级波动大于 3 dB (A)，则应按声级大小将车间分成若干区域。任一两区域的声级波动应大于或等于 3 dB (A)，而每个区域内的声级波动必须小于 3 dB (A)。测量区域必须包括所有工人为观察或管理生产过程而经常工作、活动的地点和范围。每个区域应取 1～3 个测点。

读数方式用慢挡，测量时每隔 5 s 记一个瞬时 A 声级，共 200 个数据。

测量时记录车间内机器名称、型号、功率、运行情况以及这些机器设备和测点的分布情况。

五、思考题

1. 声级计的工作原理是什么？
2. 使用声级计的步骤是什么？

附　录

附录Ⅰ　环境空气质量标准(GB 3095－2012)

表Ⅰ-1　环境空气污染物基本项目浓度限值

序号	污染物项目	平均时间	浓度限值		单位
			一级	二级	
1	二氧化硫(SO_2)	年平均	20	60	μg/m^3
		24 h 平均	50	150	
		1 h 平均	150	500	
2	二氧化氮(NO_2)	年平均	40	40	
		24 h 平均	80	80	
		1 h 平均	200	200	
3	一氧化碳(CO)	24 h 平均	4	4	mg/m^3
		1 h 平均	10	10	
4	臭氧(O_3)	日最大 8 h 平均	100	160	μg/m^3
		1 h 平均	160	200	
5	颗粒物(粒径小于等于 10 μm)	年平均	40	70	
		24 h 平均	50	150	
6	颗粒物(粒径小于等于 2.5 μm)	年平均	15	35	
		24 h 平均	35	75	

表Ⅰ-2　环境空气污染物其他项目浓度限值

序号	污染物项目	平均时间	浓度限值		单位
			一级	二级	
1	总悬浮颗粒物(TSP)	年平均	80	200	μg/m^3
		24 h 平均	120	300	

续 表

序号	污染物项目	平均时间	浓度限值		单位
			一级	二级	
2	二氧化氮(NO_X)	年平均	50	50	$\mu g/m^3$
		24 h 平均	100	100	
		1 h 平均	250	250	
3	铅(Pb)	年平均	0.5	0.5	
		季平均	1	1	
4	苯并[a]芘(BaP)	年平均	0.001	0.001	
		24 h 平均	0.0025	0.0025	

表Ⅰ-3 各项污染物分析方法

序号	污染物名称	手工分析方法		自动分析方法
		分析方法	标准编号	
1	二氧化硫(SO_2)	环境空气 二氧化硫的测定 甲醛吸收-副玫瑰苯胺分光光度法	HJ 482	紫外荧光法、差分吸收光谱分析法
		环境空气 二氧化硫的测定 四氯汞盐吸收-副玫瑰苯胺分光光度法	HJ 483	
2	二氧化氮(NO_2)	环境空气 氮氧化物(一氧化氮和二氧化氮)的测定 盐酸萘乙二胺分光光度法	HJ 479	化学发光法、差分吸收光谱法
3	一氧化碳(CO)	空气质量 一氧化碳的测定 非分散红外法	GB 9801	气体滤波相关红外吸收法、非分散红外吸收法
4	臭氧(O_3)	环境空气 臭氧的测定 靛蓝二磺酸钠分光光度法	HJ 504	紫外荧光法、差分吸收光谱分析法
		环境空气 臭氧的测定 紫外光度法	HJ 590	
5	颗粒物(粒径小于等于 10μm)	环境空气 PM_{10} 和 $PM_{2.5}$ 重量法	HJ 618	微量振荡天平法、β射线法
6	颗粒物(粒径小于等于 2.5μm)	环境空气 PM_{10} 和 $PM_{2.5}$ 重量法	HJ 618	微量振荡天平法、β射线法
7	总悬浮颗粒物(TSP)	(环境空气 总悬浮颗粒物的测定 重量法	GB/T 15432	——
8	二氧化氮(NO_2)	环境空气 氮氧化物(一氧化氮和二氧化氮)的测定 盐酸萘乙二胺分光光度法	HJ 479	化学发光法、差分吸收光谱法

续　表

序号	污染物名称	手工分析方法		自动分析方法
		分析方法	标准编号	
9	铅(Pb)	环境空气 铅的测定 石墨炉原子吸收分光光度法(暂行)	HJ 539	—
		环境空气 铅的测定 火焰原子吸收分光光度法(暂行)	GB/T 15264	—
10	苯并[a]芘	环境空气 飘尘中苯并[a]芘的测定 乙酰化滤纸层析荧光分光光度法	GB 8971	—
		环境空气 飘尘中苯并[a]芘的测定 高效液相色谱法	GB/T 15439	—

表Ⅰ-4　污染物浓度数据有效性的最低要求

污染物	取值时间	数据有效性规定
二氧化硫(SO_2)、二氧化氮(NO_2)、颗粒物(粒径小于等于 10 μm)、颗粒物(粒径小于等于 2.5 μm)、氮氧化物(NO_X)	年平均	每年至少有 324 个日平均浓度值，每月至少有 27 个日平均浓度值(二月至少有 25 个日平均浓度值)
二氧化硫(SO_2)、二氧化氮(NO_2)、一氧化碳(CO)、颗粒物(粒径小于等于 10 μm)、颗粒物(粒径小于等于 2.5 μm)、氮氧化物(NO_X)	24 h 平均	每日至少有 20 h 平均浓度值或采样时间
臭氧(O_3)	8 h 平均	每 8 h 至少有 6 h 平均浓度值
二氧化硫(SO_2)、二氧化氮(NO_2)、一氧化碳(CO)、臭氧(O_3)、氮氧化物(NO_X)	1 h 平均	每小时至少有 45 min 的采样时间
总悬浮颗粒物(TSP)、苯并[a]芘(BaP)、铅(Pb)	年平均	每年至少有分布均匀的 60 个日平均浓度值，每月至少有分布均匀的 5 个日平均浓度值
铅(Pb)	季平均	每季至少有分布均匀的 15 个日平均浓度值，每月至少有分布均匀的 5 个日平均浓度值
总悬浮颗粒物(TSP)、苯并[a]芘(BaP)、铅(Pb)	24 h 平均	每日应有 24 h 的采样时间

附录Ⅱ 室内空气质量标准(GB/T 18883－2002)

表Ⅱ-1 室内空气质量标准

序号	参数类型	参数	单位	标准值	备注
1	物理性	温度	℃	22～28	夏季空调
				16～24	冬季采暖
2	物理性	相对湿度	%	40～80	夏季空调
				30～60	冬季采暖
3		空气流速	m/s	0.3	夏季空调
				0.2	冬季采暖
4		新风量	m^3/(h·人)	30[a]	
5	化学性	二氧化硫 SO_2	mg/m^3	0.50	1 h 均值
6		二氧化氮 NO_2	mg/m^3	0.24	1 h 均值
7		一氧化碳 CO	mg/m^3	10	1 h 均值
8		二氧化碳 CO_2	%	0.10	日平均值
9		氨 NH_3	mg/m^3	0.20	1 h 均值
10		臭氧 O_3	mg/m^3	0.16	1 h 均值
11		甲醛 HCHO	mg/m^3	0.10	1 h 均值
12		苯 C_6H_6	mg/m^3	0.11	1 h 均值
13		甲苯 C_7H_8	mg/m^3	0.20	1 h 均值
14		二甲苯 C_8H_{10}	mg/m^3	0.20	1 h 均值
15		苯并[a]芘 B(a)P	mg/m^3	1.0	日平均值
16		可吸入颗粒物 PM_{10}	mg/m^3	0.15	日平均值
17		总挥发性有机物 TVOC	mg/m^3	0.60	8 h 均值
21	生物性	菌落总数	cfu/m^3	2500	依据仪器定
22	放射性	氡 ^{222}Rn	Bq/m^3	400	年平均值(行动水平)

表Ⅱ-2 室内空气中各种参数的检验方法

序号	参数	检验方法	来源
1	二氧化硫 SO_2	甲醛溶液吸收——盐酸副玫瑰苯胺分光光度法	(1)GB/T 16128 GB/T 15262
2	二氧化氮 NO_2	改进的 Saltzaman 法	(1)GB 12372 GB/T15435
3	一氧化碳 CO	(1)非分散红外法 (2)不分光红外线气体分析法 气相色谱法 汞置换法	(1)GB/T 9801 (2)GB/T 18204.23
4	二氧化碳 CO_2	(1)不分光红外线气体分析法 (2)气相色谱法 (3)容量滴定法	GB/T 18204.24
5	氨 NH_3	(1)靛酚蓝分光光度法 纳氏试剂分光光度法 (2)离子选择电极法 (3)次氯酸钠-水杨酸分光光度法	(1)GB/T 18204.25 GB/T 14668 (2)GB/T 14669 (3)GB/T 14679
6	臭氧 O_3	(1)紫外光度法 (2)靛蓝二磺酸钠分光光度法	(1)GB/T 15438 (2)GB/T 18204.27 GB/T 15437
7	甲醛 HCHO	(1)AHMT 分光光度法 (2)酚试剂分光光度法 气相色谱法 (3)乙酰丙酮分光光度法	(1)GB/T 16129 (2)GB/T 18204.26 (3)GB/T 15516
8	苯 C_6H_6	气相色谱法	(1)GB/T 18883 附录 B (2)GB 11737
9	甲苯 C_7H_8 二甲苯 C_8H_{10}	气相色谱法	(1)GB 11737 (2)GB 14677
10	苯并[a]芘 B(a)P	高效液相色谱法	GB/T 15439
11	可吸入颗粒物 PM_{10}	撞击式——称重法	GB/T 17095
12	总发挥性有机化合物 TVOC	气相色谱法	GB/T 18883 附录 C
13	菌落总数	撞击法	GB/T 18883 附录 D
14	温度	(1)玻璃液体温度计法 (2)数显式温度计法	GB/T 18204.13
15	相对湿度	(1)通风干湿表法 (2)氯化锂湿度计法 (3)电容式数字湿度计	GB/T 18204.14
16	空气流速	(1)热球式电风速计法 (2)数字式风速表法	GB/T 18204.15
17	新风量	示踪气体法	GB/T 18204.18
18	氡 ^{222}Rn	(1)空气中氡浓度的闪烁瓶测量方法 (2)径迹蚀刻法 (3)双滤膜法(4)活性炭盒法	(1)GB/T 14582 (2)GB/T 16147

附录Ⅲ 地表水环境质量标准(GB 3838－2002)

表Ⅲ-1 地表水环境质量标准基本项目标准限值

(单位:mg/L)

序号	分类 标准值 项目	Ⅰ类	Ⅱ类	Ⅲ类	Ⅳ类	Ⅴ类
1	水温/℃	人为造成的环境水温变化应限制在: 周平均最大温升≤1 周平均最大温降≤2				
2	pH值(无量纲)	6～9				
3	溶解氧≥	饱和率90%(或7.5)	6	5	3	2
4	高锰酸盐指数≤	2	4	6	10	15
5	化学需氧量(COD)≤	15	15	20	30	40
6	五日生化需氧量(BOD_5)≤	3	3	4	6	10
7	氨氮(NH_3-N)≤	0.15	0.5	1.0	1.5	2.0
8	总磷(以P计)≤	0.02(湖、库0.01)	0.1(湖、库0.025)	0.2(湖、库0.05)	0.3(湖、库0.1)	0.4(湖、库0.2)
9	总氮(湖、库,以N计)≤	0.2	0.5	1.0	1.5	2.0
10	铜≤	0.01	1.0	1.0	1.0	1.0
11	锌≤	0.05	1.0	1.0	2.0	2.0
12	氟化物(以F^-计)≤	1.0	1.0	1.0	1.5	1.5
13	硒≤	0.01	0.01	0.01	0.02	0.02
14	砷≤	0.05	0.05	0.05	0.1	0.1
15	汞≤	0.00005	0.00005	0.0001	0.001	0.001
16	镉≤	0.001	0.005	0.005	0.005	0.01
17	铬(六价)≤	0.01	0.05	0.05	0.05	0.1
18	铅≤	0.01	0.01	0.05	0.05	0.1
19	氰化物≤	0.005	0.05	0.2	0.2	0.2
20	挥发酚≤	0.002	0.002	0.005	0.01	0.1
21	石油类≤	0.05	0.05	0.05	0.5	1.0
22	阴离子表面活性剂≤	0.2	0.2	0.2	0.3	0.3

续　表

序号	标准值 分类 项目	Ⅰ类	Ⅱ类	Ⅲ类	Ⅳ类	Ⅴ类
23	硫化物≤	0.05	0.1	0.2	0.5	1.0
24	粪大肠菌群(个/L)≤	200	2000	10000	20000	40000

表Ⅲ-2　集中式生活饮用水地表水源地补充项目标准限值

(单位:mg/L)

序号	项目	标准值
1	硫酸盐(以 SO_4^{2-} 计)	250
2	氯化物(以 Cl^- 计)	250
3	硝酸盐(以 N 计)	10
4	铁	0.3
5	锰	0.1

表Ⅲ-3　集中式生活饮用水地表水源地特定项目标准限值

(单位:mg/L)

序号	项目	标准值	序号	项目	标准值
1	三氯甲烷	0.06	41	丙烯酰胺	0.0005
2	四氯化碳	0.002	42	丙烯腈	0.1
3	三溴甲烷	0.1	43	邻苯二甲酸二丁酯	0.003
4	二氯甲烷	0.02	44	邻苯二甲酸二(2-乙基已基)酯	0.008
5	1,2-二氯乙烷	0.03	45	水合肼	0.01
6	环氧氯丙烷	0.02	46	四乙基铅	0.0001
7	氯乙烯	0.005	47	吡啶	0.2
8	1,1-二氯乙烯	0.03	48	松节油	0.2
9	1,2-二氯乙烯	0.05	49	苦味酸	0.5
10	三氯乙烯	0.07	50	丁基黄原酸	0.005
11	四氯乙烯	0.04	51	活性氯	0.01
12	氯丁二烯	0.002	52	滴滴涕	0.001
13	六氯丁二烯	0.0006	53	林丹	0.002
14	苯乙烯	0.02	54	环氧七氯	0.0002
15	甲醛	0.9	55	对硫磷	0.003
16	乙醛	0.05	56	甲基对硫磷	0.002
17	丙烯醛	0.1	57	马拉硫磷	0.05
18	三氯乙醛	0.01	58	乐果	0.08

续 表

序号	项目	标准值	序号	项目	标准值
19	苯	0.01	59	敌敌畏	0.05
20	甲苯	0.7	60	敌百虫	0.05
21	乙苯	0.3	61	内吸磷	0.03
22	二甲苯①	0.5	62	百菌清	0.01
23	异丙苯	0.25	63	甲萘威	0.05
24	氯苯	0.3	64	溴氰菊酯	0.02
25	1,2-二氯苯	1.0	65	阿特拉津	0.003
26	1,4-二氯苯	0.3	66	苯并[a]芘	2.8×10^{-6}
27	三氯苯②	0.02	67	甲基汞	1.0×10^{-6}
28	四氯苯③	0.02	68	多氯联苯⑥	2.0×10^{-6}
29	六氯苯	0.05	69	微囊藻毒素-LR	0.001
30	硝基苯	0.017	70	黄磷	0.003
31	二硝基苯④	0.5	71	钼	0.07
32	2,4-二硝基甲苯	0.0003	72	钴	1.0
33	2,4,6-三硝基甲苯	0.5	73	铍	0.002
34	硝基氯苯⑤	0.05	74	硼	0.5
35	2,4-二硝基氯苯	0.5	75	锑	0.005
36	2,4-二氯苯酚	0.093	76	镍	0.02
37	2,4,6-三氯苯酚	0.2	77	钡	0.7
38	五氯酚	0.009	78	钒	0.05
39	苯胺	0.1	79	钛	0.1
40	联苯胺	0.0002	80	铊	0.0001

注:①二甲苯:指对-二甲苯、间-二甲苯、邻-二甲苯。
②三氯苯:指 1,2,3-三氯苯、1,2,4-三氯苯、1,3,5-三氯苯。
③四氯苯:指 1,2,3,4-四氯苯、1,2,3,5-四氯苯、1,2,4,5-四氯苯。
④二硝基苯:指对-二硝基苯、间-二硝基苯、邻-二硝基苯。
⑤硝基氯苯:指对-硝基氯苯、间-硝基氯苯、邻-硝基氯苯。
⑥多氯联苯:指 PCB-1016、PCB-1221、PCB-1232、PCB-1242、PCB-1248、PCB-1254、PCB-1260

表Ⅲ-4 地表水环境质量标准基本项目分析方法

序号	项目	分析方法	最低检出限/(mg/L)	方法来源
1	水温	温度计法		GB 13195－91
2	PH	玻璃电极法		GB 6920－86

续　表

序号	项目	分析方法	最低检出限/(mg/L)	方法来源
3	溶解氧	碘量法	0.2	GB 7489—87
		电化学探头法		GB 11913—89
4	高锰酸盐指数		0.5	GB 11892—89
5	化学需氧量	重铬酸盐法	10	GB 11914—89
6	五日生化需氧量	稀释与接种法	2	GB 7488—87
7	氨氮	纳氏试剂比色法	0.05	GB 7479—87
		水杨酸分光光度法	0.01	GB 7481—87
8	总磷	钼酸铵分光光度法	0.01	GB 11893—89
9	总氮	碱性过硫酸钾消解紫外分光光度法	0.05	GB 11894—89
10	铜	2,9-二甲基-1,10-菲啰啉分光光度法	0.06	GB 7473—87
		二乙基二硫代氨基甲酸钠分光光度法	0.010	GB 7474—87
		原子吸收分光光度法(螯合萃取法)	0.001	GB 7475—87
11	锌	原子吸收分光光度法	0.05	GB 7475—87
12	氟化物	氟试剂分光光度法	0.05	GB 7483—87
		离子选择电极法	0.05	GB 7484—87
		离子色谱法	0.02	HJ/T 84—2001
13	硒	2,3-二氮基萘荧光法	0.00025	GB 11902—89
		石墨炉原子吸收分光光度法	0.003	GB/T 15505—1995
14	砷	二乙基二硫代氨基甲酸银分光光度法	0.007	GB 7485—87
		冷原子荧光法	0.00006	1)
15	汞	冷原子吸收分光光度法	0.00005	GB 7468—87
		冷原子荧光法	0.00005	1)
16	镉	原子吸收分光光度法(螯合萃取法)	0.001	GB 7475—87
17	铬(六价)	二苯碳酰二肼分光光度法	0.004	GB 7467—87
18	铅	原子吸收分光光度法(螯合萃取法)	0.01	GB 7475—87
19	氰化物	异烟酸-吡唑啉酮比色法	0.004	GB 7487—87
		吡啶-巴比妥酸比色法	0.002	

续　表

序号	项目	分析方法	最低检出限/(mg/L)	方法来源
20	挥发酚	蒸馏后 4-氨基安替比林分光光度法	0.002	GB7490－87
21	石油类	红外分光光度法	0.01	GB/T 16488－1996
22	阴离子表面活性剂	亚甲蓝分光光度法	0.05	GB 7494－87
23	硫化物	亚甲基蓝分光光度法	0.005	GB/T 16489－1996
		直接显色分光光度法	0.004	GB/T 17133－1997
24	粪大肠菌群	多管发酵法、滤膜法		1)

注：暂采用下列分析方法，待国家方法标准公布后，执行国家标准。
1)《水和废水监测分析方法(第三版)》，中国环境科学出版社，1989 年。

表Ⅲ-5　集中式生活饮用水地表水源地补充项目分析方法

序号	项目	分析方法	最低检出限/(mg/L)	方法来源
1	硫酸盐	重量法	10	GB 11899－89
		火焰原子吸收分光光度法	0.4	GB 13196－91
		铬酸钡光度法	8	1)
		离子色谱法	0.09	HJ/T 84－2001
2	氯化物	硝酸银滴定法	10	GB 11896－89
		硝酸汞滴定法	2.5	1)
		离子色谱法	0.02	HJ/T 84－2001
3	硝酸盐	酚二磺酸分光光度法	0.02	GB 7480－87
		紫外分光光度法	0.08	1)
		离子色谱法	0.08	HJ/T 84－2001
4	铁	火焰原子吸收分光光度法	0.03	GB 11911－89
		邻菲啰啉分光光度法	0.03	1)
5	锰	高碘酸甲分光光度法	0.02	GB 11906－89
		火焰原子吸收分光光度法	0.01	GB 11911－89
		甲醛肟光度法	0.01	1)

注：暂采用下列分析方法，待国家方法标准发布后，执行国家标准。
1)《水和废水监测分析方法(第三版)》，中国环境科学出版社，1989 年。

表Ⅲ-6　集中式生活饮用水地表水源地特定项目分析方法

序号	项目	分析方法	最低检出线/(mg/L)	方法来源
1	三氯甲烷	顶空气相色谱法	0.0003	GB/T 17130—1997
		气相色谱法	0.0006	2)
2	四氯化碳	顶空气相色谱法	0.00005	GB/T 17130—1997
		气相色谱法	0.0003	2)
3	三溴甲烷	顶空气相色谱法	0.001	GB/T 17130—1997
		气相色谱法	0.006	2)
4	二氯甲烷	顶空气相色谱法	0.0087	2)
5	1,2-二氯乙烷	顶空气相色谱法	0.0125	2)
6	环氧氯丙烷	气相色谱法	0.02	2)
7	氯乙烯	气相色谱法	0.001	2)
8	1,1-二氯乙烯	吹出捕集气相色谱法	0.000018	2)
9	1,2-二氯乙烯	吹出捕集气相色谱法	0.000012	2)
10	三氯乙烯	顶空气相色谱法	0.0005	GB/T 17130—1997
		气相色谱法	0.003	2)
11	四氯乙烯	顶空气相色谱法	0.0002	GB/T 17130—1997
		气相色谱法	0.0012	2)
12	氯丁二烯	顶空气相色谱法	0.002	2)
13	六氯丁二烯	气相色谱法	0.00002	2)
14	苯乙烯	气相色谱法	0.01	2)
15	甲醛	乙酰丙酮分光光度法	0.05	GB/T 17130—1997
		4-氨基-3-联氨-5-巯基-1,2,4-三氮杂茂（AHMT）分光光度法	0.05	2)
16	乙醛	气相色谱法	0.24	2)
17	丙烯醛	气相色谱法	0.019	2)
18	三氯乙醛	气相色谱法	0.001	2)
19	苯	液上气相色谱法	0.005	GB 11890—89
		顶空气相色谱法	0.00042	2)
20	甲苯	液上气相色谱法	0.005	GB 11890—89
		二硫化碳萃取气相色谱法	0.05	
		气相色谱法	0.01	2)

续 表

序号	项目	分析方法	最低检出线/(mg/L)	方法来源
21	乙苯	液上气相色谱法	0.005	GB 11890－89
		二硫化碳萃取气相色谱法	0.05	
		气相色谱法	0.01	2)
22	二甲苯	液上气相色谱法	0.005	GB 11890－89
		二硫化碳萃取气相色谱法	0.05	
		气相色谱法	0.01	2)
23	异丙苯	顶空气相色谱法	0.0032	2)
24	氯苯	气相色谱法	0.01	HJ/T 74－2001
25	1,2-二氯苯	气相色谱法	0.002	GB/T 17131－1997
26	1,4-二氯苯	气相色谱法	0.005	GB/T 17131－1997
27	三氯苯	气相色谱法	0.00004	2)
28	四氯苯	气相色谱法	0.00002	2)
29	六氯苯	气相色谱法	0.00002	2)
30	硝基苯	气相色谱法	0.0002	GB 13194－91
31	二硝基苯	气相色谱法	0.2	2)
32	2,4-二硝基甲苯	气相色谱法	0.0003	GB 13194－91
33	2,4,6-三硝基甲苯	气相色谱法	0.1	2)
34	硝基氯苯	气相色谱法	0.0002	GB 13194－91
35	2，4-二硝基氯苯	气相色谱法	0.1	2)
36	2,4-二氯苯酚	电子捕获-毛细色谱法	0.0004	2)
37	2，4，6-三氯苯酚	电子捕获-毛细色谱法	0.00004	2)
38	五氯酚	气相色谱法	0.00004	GB 8972－88
		电子捕获-毛细色谱法	0.000024	2)
39	苯胺	气相色谱法	0.002	2)
40	联苯胺	气相色谱法	0.0002	3)
41	丙烯酰胺	气相色谱法	0.00015	2)
42	丙烯腈	气相色谱法	0.10	2)
43	邻苯二甲酸二丁酯	液相色谱法	0.0001	HJ/T 72－2001

续 表

序号	项目	分析方法	最低检出线/(mg/L)	方法来源
44	邻苯二甲酸二(2-乙基已基)酯	气相色谱法	0.0004	2)
45	水合肼	对二甲氨基苯甲醛直接分光光度法	0.005	2)
46	四乙基铅	双硫腙比色法	0.0001	2)
47	吡啶	气相色谱法	0.031	GB/T 14672—93
		巴比土酸分光光度法	0.05	2)
48	松节油	气相色谱法	0.02	2)
49	苦味酸	气相色谱法	0.001	2)
50	丁基黄原酸	铜试剂亚铜光光度法	0.002	2)
51	活性氯	N,N-二乙基对苯二胺(PDP)分光光度法	0.01	2)
		3,3′,5,5′-四甲基联苯胺比色法	0.005	2)
52	滴滴涕	气相色谱法	0.0002	GB 7492—87
53	林丹	气相色谱法	4×10^{-6}	GB 7492—87
54	环氧七氯	液液萃取气相色谱法	0.000083	2)
55	对硫磷	气相色谱法	0.00054	GB 13192—91
56	甲基对硫磷	气相色谱法	0.00042	GB 13192—91
57	马拉硫磷	气相色谱法	0.00064	GB 13192—91
58	乐果	气相色谱法	0.00057	GB 13192—91
59	敌敌畏	气相色谱法	0.00006	GB 13192—91
60	敌百虫	气相色谱法	0.000051	GB 13192—91
61	内吸磷	气相色谱法	0.0025	2)
62	百菌清	气相色谱法	0.0004	2)
63	甲萘威	高效液相色谱法	0.01	2)
64	溴清菊酯	气相色谱法	0.0002	2)
		高效液相色谱法	0.002	2)
65	阿特拉津	气相色谱法		3)
66	苯并[a]芘	乙酰化滤指层析荧光分光光度法	4×10^{-6}	GB 11895—89
		高效液相色谱法	1×10^{-6}	GB 13198—91
67	甲基汞	气相色谱法	1×10^{-8}	GB/T 17132—1997

续　表

序号	项目	分析方法	最低检出线/(mg/L)	方法来源
68	多氯联苯	气相色谱法		3)
69	微囊藻毒素-LR	高效液相色谱法	0.00001	2)
70	黄磷	钼-锑-抗分光光度法	0.0025	2)
71	钼	无火焰原子吸收分光光度法	0.00231	2)
72	钴	无火焰原子吸收分光光度法	0.00191	2)
73	铍	铬菁 R 分光光度法	0.0002	HJ/T 58－2000
		石墨炉原子吸收分光光度法	0.00002	HJ/T 59－2000
		桑色素荧光分光光度法	0.0002	2)
74	硼	姜黄素分光光度法	0.02	HJ/T 49－1999
		甲亚胺-H 分光光度法	0.2	2)
75	锑	氢化原子吸收分光光度法	0.00025	2)
76	镍	无火焰原子吸收分光光度法	0.00248	2)
77	钡	无火焰原子吸收分光光度法	0.00618	2)
78	钒	钽试剂(BPHA)萃取分光光度法	0.018	GB/T 15503－1995
		无火焰原子吸收分光光度法	0.00698	2)
79	钛	催化示波极谱法	0.0004	2)
		水杨基荧光酮分光光度法	0.02	2)
80	铊	无火焰原子吸收分光光度法	4×10^{-6}	2)

注:暂采用下列分析方法,待国家方法发布后,执行国家标准。
1)《水和废水监测分析方法》(第三版)》,中国环境科学出版社,1989 年。
2)《生活饮用水卫生规范》,中华人民共和国卫生部,2001 年。
3)《水和废水标准检验法(第 15 版)》,中国建筑工业出版社,1985 年。

附录Ⅳ 土壤环境质量标准(GB 15618—2018)

表Ⅳ-1 农用地土壤污染风险筛选值(基本项目)

(单位:mg/kg)

序号	污染项目①②		风险筛选值			
			pH≤5.5	5.5<pH≤6.5	6.5<pH≤7.5	pH>7.5
1	镉	水田	0.3	0.4	0.6	0.8
		其他	0.3	0.3	0.3	0.6
2	汞	水田	0.5	0.5	0.6	1.0
		其他	1.3	1.8	2.4	3.4
3	砷	水田	30	30	25	20
		其他	40	40	30	25
4	铅	水田	80	100	140	240
		其他	70	90	120	170
5	铬	水田	250	250	300	350
		其他	150	150	200	250
6	铜	果园	150	150	200	200
		其他	50	50	100	100
7	镍	60	70	100	190	
8	锌	200	200	250	300	

注:①重金属和类金属砷均按元素总量计算。
②对于水旱轮作地,采用其中较严格的风险筛选值。

表Ⅳ-2 农用地土壤污染风险筛选值(其他项目)

(单位:mg/kg)

序号	污染项目	风险筛选值
1	六六六总量①	0.10
2	滴滴涕总量②	0.10
3	苯并[a]芘	0.55

注:①六六六总量为α-六六六、β-六六六、γ-六六六、δ-六六六四种异构体的含量总和。
②滴滴涕总量为p,p,-滴滴伊、p,p,-滴滴滴、o,p,-滴滴涕、p,p,-滴滴涕四种衍生物的含量总和。

表Ⅳ-3 农用地土壤污染风险管制值

(单位:mg/kg)

序号	污染物项目	风险管制值			
		pH≤5.5	5.5<pH≤6.5	6.5<pH≤7.5	pH>7.5
1	镉	1.5	2.0	3.0	4.0
2	汞	2.0	2.5	4.0	6.0
3	砷	200	150	120	100
4	铅	400	500	700	1000
5	铬	800	850	1000	1300

表Ⅳ-4 土壤污染物分析方法

(单位:mg/kg)

<table>
<tr><th>序号</th><th>污染物项目</th><th>分析方法</th><th>标准编号</th></tr>
<tr><td>1</td><td>镉</td><td>土壤质量 铅、镉的测定 石墨炉原子吸收分光光度法</td><td>GB/T 17141</td></tr>
<tr><td rowspan="4">2</td><td rowspan="4">汞</td><td>土壤和沉积物 汞、砷、硒、铋、锑的测定 微波消解/原子荧光法</td><td>HJ 680</td></tr>
<tr><td>土壤质量 总汞、总砷、总铅的测定 原子荧光法第 1 部分:土壤中总汞的测定</td><td>GB/T 22105.1</td></tr>
<tr><td>土壤质量 总汞的测定 冷原子吸收分光光度法</td><td>GB/T 17136</td></tr>
<tr><td>土壤和沉积物 总汞的测定 催化热解-冷原子吸收分光光度法</td><td>HJ 923</td></tr>
<tr><td rowspan="3">3</td><td rowspan="3">砷</td><td>土壤和沉积物 12 种金属元素的测定 王水提取-电感耦合等离子体质谱法</td><td>HJ 803</td></tr>
<tr><td>土壤和沉积物 汞、砷、硒、铋、锑的测定 微波消解/原子荧光法</td><td>HJ 680</td></tr>
<tr><td>土壤质量 总汞、总砷、总铅的测定 原子荧光法第 2 部分:土壤中总砷的测定</td><td>GB/T 22105.2</td></tr>
<tr><td rowspan="2">4</td><td rowspan="2">铅</td><td>土壤质量 铅、镉的测定 石墨炉原子吸收分光光度法</td><td>GB/T 17141</td></tr>
<tr><td>土壤和沉积物 无机元素的测定 波长色散X 射线荧光光谱法</td><td>HJ 780</td></tr>
<tr><td rowspan="2">5</td><td rowspan="2">铬</td><td>土壤 总铬的测定 火焰原子吸收分光光度法</td><td>HJ 491</td></tr>
<tr><td>土壤和沉积物 无机元素的测定 波长色散X 射线荧光光谱法</td><td>HJ 780</td></tr>
<tr><td rowspan="2">6</td><td rowspan="2">铜</td><td>土壤质量 铜、锌的测定 火焰原子吸收分光光度法</td><td>GB/T 17138</td></tr>
<tr><td>土壤和沉积物 无机元素的测定 波长色散X 射线荧光光谱法</td><td>HJ 780</td></tr>
</table>

续 表

序号	污染物项目	分析方法	标准编号
7	镍	土壤质量 镍的测定 火焰原子吸收分光光度法	GB/T 17139
		土壤和沉积物 无机元素的测定 波长色散X射线荧光光谱法	HJ 780
8	锌	土壤质量 铜、锌的测定 火焰原子吸收分光光度法	GB/T 17138
		土壤和沉积物 无机元素的测定 波长色散X射线荧光光谱法	HJ 780
9	六六六总量	土壤和沉积物 有机氯农药的测定 气相色谱-质谱法	HJ 835
		土壤和沉积物 有机氯农药的测定 气相色谱法	HJ 921
		土壤质量 六六六和滴滴涕的测定 气相色谱法	GB/T 14550
10	滴滴涕总量	土壤和沉积物 有机氯农药的测定 气相色谱-质谱法	HJ 835
		土壤和沉积物 有机氯农药的测定 气相色谱法	HJ 921
		土壤质量 六六六和滴滴涕的测定 气相色谱法	GB/T 14550
11	苯并[a]芘	土壤和沉积物 多环芳烃的测定 气相色谱-质谱法	HJ 805
		土壤和沉积物 多环芳烃的测定 高效液相色谱法	HJ 784
		土壤和沉积物 半挥发性有机物的测定 气相色谱-质谱法	HJ 834
12	pH	土壤 pH 值的测定 电位法	—

参考文献

[1] 江锦花. 环境化学实验. 北京：化学工业出版社，2011.

[2] 奚旦立. 环境监测实验. 北京：高等教育出版社，2011.

[3] 潘健民，成岳. 环境监测实验. 北京：科学出版社，2009.

[4] 黄进，黄正文，苏蓉，等. 环境监测实验. 成都：四川大学出版社，2010.

[5] 董德明，朱利中. 环境化学实验(第二版). 北京：高等教育出版社，2009.

[6] 康春莉，徐自力，马小凡. 环境化学实验. 吉林：吉林大学出版社，2000.

[7] 李元. 环境科学实验教程. 北京：中国环境科学出版社，2007.

[8] 杨胜科，席临平，易秀. 环境科学实验技术. 北京：化学工业出版社，2008.

[9] 戴树桂. 环境化学. 北京：高等教育出版社，2006.

[10]国家环境保护总局,《空气和废气监测分析方法》编委会. 空气和废气监测分析方法(第四版). 北京：中国环境科学出版社，2003.

[11]国家环境保护总局,《水和废水监测分析方法》编委会. 水和废水监测分析方法(第四版). 北京：中国环境科学出版社，2003.

[12]奚旦立，孙裕生，刘秀英. 环境监测(第三版). 北京：高等教育出版社，2004.

[13]陈玲，郜洪文. 现代环境分析技术. 北京：科学出版社，2008.

[14]苏玉萍. 环境学基础实验与见习教程. 北京：化学工业出版社，2009.

[15]但德忠. 环境分析化学. 北京：高等教育出版社，2009.

[16]汤又文. 分析化学实验. 北京：化学工业出版社，2008.

[17]孙尔康，张剑荣，马全红，等. 分析化学实验. 南京：南京大学出版社，2009.

[18]罗毅，李国刚，吕怡兵，等. 地表水环境质量监测实用分析方法. 北京：中国环境科学出版社，2009.

[19]张兰英，饶竹，刘娜，等. 环境样品前处理技术. 北京：清华大学出版社，2008.

[20]严拯宇. 分析化学实验与指导. 北京：中国医药科技出版社，2009.

[21]刘玉婷. 环境监测实验. 北京：化学工业出版社，2007.

[22]庄京，林金明. 基础分析化学实验. 北京：高等教育出版社，2007.

[23]黄杉生. 分析化学实验. 北京：科学出版社，2008.

[24]姚思童，张进. 现代分析化学实验. 北京：化学工业出版社，2008.

[25]刘凤枝，刘潇威. 土壤和固体废弃物监测分析技术. 北京：化学工业出版社，2007.